KB244737

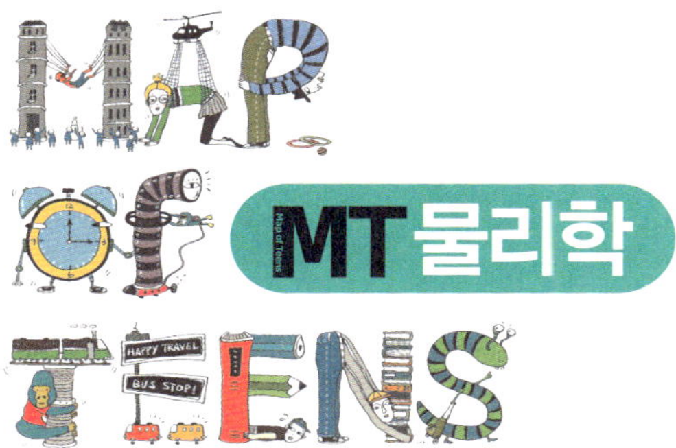

MAP OF TEENS
Map of Teens
MT 물리학

MAP
OF
TEENS
Map of Teens
MT
물리학
서강대학교 이기진 교수 지음
HAPPY TRAVEL
BUS STOP!

청어람 장서가

시리즈를 발간하며

대학입시에 대한 관심이 우리나라처럼 높은 곳도 없을 것이다. 하지만 대학에 대한 많은 관심에도 불구하고, 막상 대학에 가서 무엇을 배우는지에 대해서는 학생과 학부모 모두 구체적으로 모르고 있는 것 같다. 이는 대학교육의 실질적 내용보다는 대학졸업장 취득여부에만 큰 관심을 기울이는 세태의 반영일 수도 있지만, '대학 가는 것'을 인생의 중요한 목표로 삼고 있는 중·고등학생들에게 대학의 교육내용을 쉽고 친절하게 설명해 주는 자료가 없었기 때문일 것이다.

〈나의 미래 공부〉시리즈 Map of Teens는 중·고등학생들의 후회 없는 선택과 성공적인 공부를 위해 기획되었다. 자신의 삶을 크게 테두리 지을 대학의 각 분야별 공부가 구체적으로 어떤 것인지 스스로 읽고 판단하는 데 도움이 될 것이다. 이것이 내가 정말로 하고 싶은 것인지, 잘 할 수 있을 것인지를 스스로 또는 부모님, 선생님과 함께 고민하고 결정할 수 있게 만들어 줄 것이다. 아직 자신의 적성을 모른다면, 이 시리즈에 포함된 다양한 공부의 길들을 비교해보면서 역으로 자신의 흥미와 열정을 발견할 수도 있을 것이다.

대학의 다양한 학문들이 무엇을 배우고 연구하는지를 아는 것은 단지 '나의 선택'만을 위해 중요한 것은 아니다. 사회의 다른 구성원들이 무엇을 공부하는지 아는 것도 매우 중요한 일이다. 사회의 범위가 지구촌으로 확대되고 있는 지금, 나의 이웃들이 무엇에 관심을 가지고 공부하고 있는가를 아는 것은 우리 모두의 공동 번영을 위해 필수적일 수밖에 없다. 이런 경향을 반영하듯 각 학문들은 서로의 분야를 넘나들며 융합되고 있고, 대학에서 한 가지 전공만을 공부한다는 것은 이제 지난날의 일이 되었다. 사회에서 요구하는 인재상도 멀티플전공으로 바뀌고 있다. 우리가 자신만의 전문성을 가지되 다양하고 폭넓은 공부를 해야 되는 이유가 여기에 있다.

〈나의 미래 공부〉시리즈 Map of Teens는 이러한 시대적 요청에 충실하면서도, 수많은 학문들의 내용을 자세히 들여다 볼 시간이 없는 독자들을 위해 각 분야의 핵심을 한눈에 알아볼 수 있도록 요약하려고 노력하였다. 여기에는 각 해당 분야 전공자들의 많은 노력이 숨어 있다. 오랜 시간 축적돼온 각 학문의 내용들과 새롭게 추가되는 연구 성과들을 가능하면 우리 실생활과 연관시켜 쉽고 재미있게 설명하기 위해 고심한 필자들의 노고에 감사드린다. 이 시리즈가 중·고등학생들이 미래를 찾아가는 학문 여행에 꼭 필요한 지도가 되길 바라며, '나만의 미래 공부'를 찾아 여행을 떠나보자.

2008년 5월

시리즈 기획위

국문학 | 영문학 | 중문학 | 일문학 |
문헌정보학 | 문화학 | 종교학 | 철학 |
역사학 | 문예창작학

여행을 떠나기 전 학과 지도를 펼쳐보자

세상은 넓고 학과는 많다.
학과에 대한 호기심과 나에 대해 알아보려는 의지만 있으면 여행 준비 끝!
자, 이제부터 나의 미래를 찾기 위해 힘차게 떠나보자!
놀라운 학과 세계와 지적 모험이 여러분을 기다리고 있을 것이다.

심리학 | 언론홍보학 | 정치외교학 | 사회학 | 행정학 | 사회복지학 | 부동산학 |
경영학 | 경제학 | 관광학 | 무역학 | 법학 | 행정학

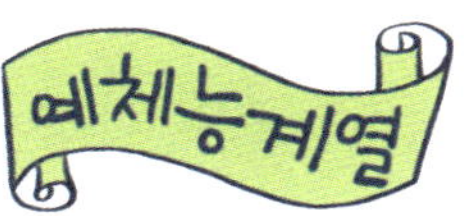

영화학 | 음악학 | 디자인학 | 사진학 |
무용학 | 조형학 | 공예학 | 체육학

교육학 | 교육공학 | 유아교육학 | 특수교
육학 | 초등교육학 | 언어교육학 | 사회교육
학 | 공학교육학 | 예체능교육학

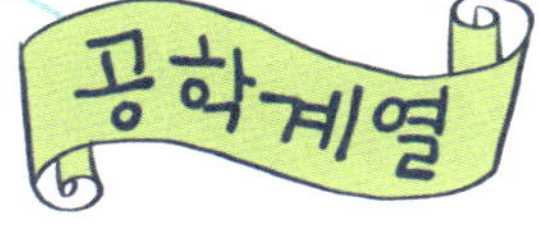

생명공학 | 기계공학 | 전기
공학 | 컴퓨터공학 | 신소재
공학 | 항공우주공학 | 건축
학 | 조경학 | 토목공학 | 제
어계측학 | 자동차학 | 안경
광학 | 에너지공학 | 환경공
학 | 화학공학

의학 | 한으학 | 약학 | 수의학 | 치의학 | 간
호학 | 보건학 | 재활학

물리학 | 화학 | 천문학 | 수학 | 통계학 | 식품
영양학 | 의류학 | 지리학 | 생명과학 | 환경과
학 | 원예학

이론을 버리고, 즐겨라!
물리학은 도깨비감투다

물리학을 전공하고 있다는 사실 하나로 사람들은 나를 철저한 과학적 사고를 바탕으로 사는 사람으로 자주 오해하곤 한다. 나는 전혀 그렇지 못하다. 나는 공상에 자주 빠지며 비과학적인 것들을 상상하기를 좋아한다. 그런 비과학적인 공상 중 하나가 도깨비감투이다. 도깨비감투를 쓰고 발가벗고 돌아다니고 싶고, 기분 나쁜 사람의 뒤통수를 한 대 치고 싶기도 하다. 하지만 이런 도깨비감투가 있을 수 있을까? 과학적으로 가능한가? 물론 불가능하다. 현재까지는 말이다. 하지만 언젠가는 가능한 일이 될지도 모른다. 가능성은 늘 열려있다. 과학은 언제나 그런 가능성에 기대어 발전해 왔다.

아인슈타인은 '물체가 빛과 같은 속도로 날면 어떤 현상이 일어날까?' 하는 과학적 상상력으로 상대성이론의 연구를 시작했다. 수학적으로 복잡한 상대성이론은 현실에 적용하기엔 과학적인 스케일이 너무나 크다. 우리가 그 이론을 알고 이해한다 해도 현실에 아무런 도움이 안 될지도 모른다. 더 복잡해질지 모른다. 알아서 어디에 써먹겠는가? 다행히 사람들은 그의 물리적 이론보다 천재의 인간적 삶과 온화한 인상에 매력을 느끼고 다가가는 듯하다. 골치 아픈 이론보다 한 과학자의 인간적 삶을 통하여 과학과 더욱 친해지는 것이다.

예전에 별을 보고 라디오를 고치는 즐거움으로 과학을 시작했다. 하지만 한 대 때리면 고쳐지던 라디오는 이제는 망가지면 버리는 물건이 되었다. 고개를 들면 보이던 별을 보기 위해 지금은 차로 반나절을 달려야 되는 상황에 있다. 쉽게 설명이 되던 물리적 사실은 컴퓨터로 며칠 걸려 계산을 해야만 결론을 찾을 수 있게 되었다. 과학적 사실을 쉽고 간단한 몇 마디의 고전적 단어로 표현하기에는 정말 곤란한 상황에 살고 있다.

전기기기를 가지고 그림을 그리고 예술적 감흥을 표현하는 지금 시대엔 모든 사람들이 다 과학자인지 모른다. 특별한 설명을 할 필요 없이 과학적 사실을 받아들여 흡수하고 사용하는 시대에 우리가 살고 있다. "탄소나노튜브로 우주까지 연결할 수 있는 엘리베이터를 만들 수 있다!"와 같은 과학적 가능성에 사람들이 흥분하고 희망만을 가져주었으면 좋겠다. 탄소나노튜브가 어떻게 생겼으며 어떤 분자식을 가지고 있고 탄소가 인간에게 어떠한 영향을 미치는지 등을 알려하지 말고 물어보지도 말아 달라. 도깨비감투를 쓰는 것처럼 탄소나노튜브를 타고 신나게 우주여행을 다녀오라 말하고 싶다. 자 그럼 가볼까요?

2008년 6월
저자 이기진

CONTENTS

물리학 여행을 향한 첫걸음

PART 01

교수님과 함께 떠나는 물리학 여행

PART 02

물리보다 재미있는 노벨상 이야기

PART 03

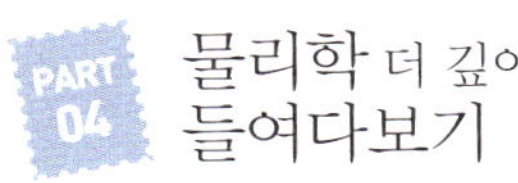

물리학 더 깊이 들여다보기

물리학의 미래를 상상하다

이 교수님의 학문 이야기 ⋯ 234

Einstein!

물리학 여행을 향한 첫걸음

문명 발전의 첫 단계, 물리학

어렵게만 여겨지는 물리학, 과연 인류 발전에 도움을 준 것일까? 아니면 골치 아픈 문제로 우리에게 괴롭힘만 준 것일까? 그 답은 간단하다. 어려웠던 현실이 우리에게 새로운 도전과 가능성을 열어주었듯이 어려운 물리적인 질문은 우리의 문명을 발전시켰다. 인류의 기술 문명은 발전에 발전을 거듭해 왔다. 원시시대로부터 현재와 같은 발전을 이루게 된 것은 과학의 발전이 뒷받침되었기 때문이다. 이러한 인류 문명은 순차적으로 낮은 기술에서 높은 기술로 발전해 왔다. 처음에는 돌을 이용했지만 나중에는 돌을 녹여 철을 만들어 냈듯이 말이다. 구석기, 신석기, 청동기, 철기의 역사는 과학의 역사인 것이다. 그렇다면 이러한 문명의 발전은 어떠한 계기로 이루어진 것일까? 그것은 우리가 자연을 이해하기 시작했기 때문이다. 물질이면 물질, 자연이면 자연 그 속에 담긴 깊은 진리와 원리를 이해하고 현실의 삶에 응용했기 때문이 아닐까?

물리학 여행을 향한
첫걸음

감추어진 원리를 밝히고 이해하는 과정은 인류 문명의 발전에 필요한 밑거름이 되는 일이다. 예를 들면, 호기심 많은 물리학자가 '과연 전기란 무엇일까?' 하고 전기에 대해 연구한다. 그리고 수많은 물리학자들이 전기에 대한 물리적 기초를 밝히기 시작한다. 이 과정에서 물리학자들에 의해 검증에 검증을 거쳐 기초적 이론이 탄생된다. 그리고 이러한 보편타당한 물리적 사실은 공학자들에게 전해진다. 공학자들은 그 기초 지식을 이용하여 획기적인 아이디어로 다양한 생활도구를 만들기 시작한다. 물리학자들의 기초 연구는 공학의 세계로 전해지고 그 응용된 도구를 이용해 인류는 더욱 빠르게 발전하게 되는 것이다.

우리가 지금 가장 편리하게 사용하는 문명의 이기는 휴대전화이다. 휴대전화는 물리적으로 보았을 때 단순히 전파를 주고받는 장치다. 그렇다면 누가 전파를 발견했을까? 바로 헤르츠였다. 그는 공기 중에 전자기파가 물리적으로 전달된다는 것을 발견했다. 그의 발견으로 지금과 같이 전 세계 그리고 우주까지 서로 전파를 주고받으면서 소식을 전할 수 있게 되었다. 전파에 대한 물리적 이해는 수많은 파생기술을 생산해왔다. 이러한 원천기술과 원리를 발견하고 개발하는 것은 바로 물리학자의 일이다. 그리고 그 물리적 원리는 호기심 많은 공학자와 발명가들에게 영감을 준다.

물리는 정말 어려운 학문일까?

"물리학을 공부하고 있습니다"라고 나를 소개하면 많은 사람들이 "헉! 그 어려운 일을 하고 계시네요. 저는 물리만 생각하면 머리가 아파옵니다. 존경스럽네요."라고 말하곤 한다. 그런 이야기를 들으면 마치 모든 물리학자들이 어렵고 이해하기 힘든 일을 하는 사람처럼 느껴진다. 그렇다면 왜 물리학이 이해하기 어렵고 괴이하게까지 느껴지는 걸까? 정말 물리학은 어려운 학문일까? 왜 물리학이 어렵게만 느껴질까?

그 이유는 물리학을 기술하는 어렵고 복잡한 수학공식 때문일 것이다. 고등학교에 다닐 때에도 물리 과목이 싫어서 문과로 옮겨간 친구들이 있었다. 물리학의 공식만 봐도 어지러워진다는 친구들도 많았다. 물리는 바위처럼 차갑고 딱딱한 과목으로 물리 교과서는 괴이한 형상의 그래프와 마법의 글씨 같은 공식으로 가득 채워져 있다고 말하기도 한다. 하지만 물리학이 꼭 수학으로만 이루어진 것은 아니라

물리학 여행을 향한
첫걸음

는 사실을 곧 알게 될 것이다.

예를 들어 보겠다. 2차대전 당시 독일에서 히틀러의 광폭한 독재 정치가 싫어 베를린 대학의 교수까지 그만둔 슈뢰딩거라는 물리학자가 있다. 물론 그는 1933년 양자역학을 창시한 공헌으로 노벨 물리학상을 받았다. 그는 〈생명이란 무엇인가?〉라는 책을 통해 유전자는 생물세포의 핵심적인 성분이며 생명현상을 이해하는 기초이 된다고 주장했다. 물리학자가 생명에 관심을 가진 이 책은 당시 물리학자는 물론 생물학자와 화학자들에게 큰 영향을 끼치게 되었다. 이 책의 영향으로 미국의 폴링 교수는 단백질의 결정을 밝히게 되고, 그 공로를 인정받아 노벨 화학상을 받게 되었다. 또한 케임브리지 다학 물리학 연구소에서 처음으로 DNA 이중나선구조를 밝혀 1962년 노벨 생리학상을 수상한 왓슨과 크릭에게도 영향을 주었다. 그 후에도 이 연구를 기초로 노벨상을 수상한 과학자는 30여 명에 이른다. 물리학자의 작은 질문과 생각이 다른 학문에까지 무한한 영향을 끼친 사례로 볼 수 있다.

이 외에도 네덜란드의 라이덴 대학에서 물리학을 공부한 얀 틴베르헌 교수는 그의 물리학 지식을 바탕으로 경제학 분야에서 적용되는 경제 모델을 개발함으로써 1969년 제1회 노벨 경제학상을 받기도 했다. 그는 물리학의 기본 법칙을 단순히 경제현상에 적용한 것뿐이었다. 그 이외에 20세기 최고의 경제학자의 한 사람으로 칭송받고 있는 새뮤얼슨 교수도 대학에서 물리학을 공부하였다. 미턴과 숄즈 박사는 이론물리학을 공부한 박사로 물리학의 브라운운동을 이용해 즈식의 주가를 예측할 수 있는 이론을 만든 공로로 노벨 경제학상을 수상하기도 했다. 많은 물리학자들이 뉴욕의 월가에서 금융과 주식에 관련해서 핵심적인 일을 수행하고 있다. 그 이유는 물리학을 통해 세상을 바라보면 아무리 복잡한 세계에서도 질서나 정형화된 모델을 이끌어 낼 수 있기 때문이다. 즉, 물리학에서 만들어 낸 이론과 모델은 단순히 한 가지 현상에만 적용되는 것이 아니라 세상의 여러 이치에 적용되기 때문이다.

물리학 여행을 향한
첫걸음

그렇다면 왜 물리학을 공부한 사람들이 다른 분야에 영향을 미치고, 다른 분야에서도 훌륭한 업적을 낼 수 있는 것일까? 그 이유는 물리학은 이 세상에서 일어나고 있는 모든 자연현상을 이해하고 체계적이고 논리적으로 설명하는 학문이기 때문이다. 우리 주변에서 일어나고 있는 모든 궁금한 현상을 물리학은 논리적으로 풀어준다. 이러한 논리적인 사고체계를 통한 물리학 공부는 자연현상을 이해하고 꿰뚫어 볼 수 있는 지혜를 준다. 또한 이를 응용하면 다른 어떤 학문에도 쉽게 적용할 수 있다. 물리에서 사용하는 수학은 누구나 납득하고 받아들일 수 있는 공통의 언어일 뿐이다. 그래서 물리학에 수학이 등장하는 것이다. 물리학 분야에서만 수학 공식을 사용하는 것은 아니다. 생물학, 경제학, 경영학, 통계학, 전산학 심지어 언어학에도 수학이 사용된다. 특히 경제와 경영학에서는 수학적인 표현을 많이 사용하고 있다. 그 이유는 모든 사람들이 납득할 수 있고 받아들일 수 있는 논리적인 언어가 수학이기 때문이다. 수식은 물리학을 이해하는 단지 부수적인 언어일 뿐이다. 가슴속에 있는 그림을 캔버스에 그리는데 색채에 대한 기본적인 지식 없이 어떻게 그림을 그릴 수 있겠는가? 수학은 단지 마음을 표현하는 수단이다.

그럼 지금부터 수식 없이 물리학 이야기를 시작해 볼까?

물리학 여행을 향한
첫걸음

불가능하지는 않지만 공학을 공부한 사람이 다시 물리학을 공부하기란 상대적으로 어렵다. 하지만 물리학을 공부한 사람은 다른 학문을 쉽게 공부할 수 있다. 예를 들면 전자공학의 경우 물리학에서 배우는 전자기학 기초를 이용해 쉽게 전자공학을 이해할 수 있다. 즉, 전자공학의 경우 물리적 원리를 이용해 실용적이고 실저적인 전자기학에 대해 배운다. 다시 이야기하면, 물리학은 더욱 근본적인 것을 배우기 때문에 조금만 공부를 확장하면 다른 학문을 쉽게 이해할 수 있다.

기계공학의 경우 기계의 설계와 움직임을 설명할 때 물리학의 역학을 이용한다. 따라서 공학 분야의 기반이 되는 물리학을 공부한다면 쉽게 공학을 공부할 수 있을 것이다. 또한 생물학, 생명과학, 화학과 의학 분야에서도 물리학은 기초 학문으로 응용되고 있다. 특히 의학의 경우 최근에는 모든 질병을 진단하고 치료하는 장비들이 물리학 실험에서 사용되고 있다. 그중 레이저와 초음파, X선, 고자기장을 많이 사용하고 있는데, 레이저는 물리학의 광학 분야에서 가장 활발히 사용하고 연구하고 있는 분야기도 하다. 따라서 물리학을 전공한 사람은 이과와 공과 계열 어느 학과로든지 대학원에 진학할 수 있다. 물론 의학 분야에 진출하여 의료기기를 개발할 수도 있다. 이것은 물리학이 기초를 배우는 학문이기 때문이다. 즉, 기초 학문을 공부한 사람은 처음부터 응용을 배운 사람보다도 자신의 학문영역을 더 넓히기 쉽다는 것을 의미한다.

실제 기업체의 연구소나 생산설비에서 공학도나 기술자들보다 물리학도를 원하는 경우가 많다. 근래의 첨단기술은 생명이 아주 짧기 때문이다. 개발된 기술은 시간이 지나면 곧 새롭게 개발된 기술로 인해 사라지게 된다. 따라서 기술자만을 가지고는 빠르게 변화하는 과학기술을 따라갈 수 없다. 하지만 근본적인 원리를 이해한 사람이라면 아무리 새롭게 기술이 변화하더라도 쉽게 따라갈 수 있다.

기술 자체를 이해하고 있는 것은 물론 창의적이고 종합적인 사고를 하는 방법을 물리학을 통해 배운 덕분이다. 기초 학문인 물리학을 공부한 사람들이 오랫동안 다양한 응용 분야에서 활동할 수 있는 이유가 바로 여기에 있다.

물리학 여행을 향한
첫걸음

교수님이 추천하는
물리학 관련 책들

〈일반물리학〉

D.Halliday 외 2인 | 서강대학교 등 옮김 | 범한서적

지금 내 책장엔 만화를 포함해 물리와 상관없는 책들르 가득 차 있다. 과학 분야의 책이라곤 교과서가 전부다. 요즘엔 전공에 대한 정보는 컴퓨터를 통해서 얻고 있다. 학창시절의 나도 과학서적을 읽으며 어렵다고 느낀 적은 많아도 감명을 받은 기억은 없다. 난 님 웨일즈의 〈아리랑〉 같은 책에 열광했다.

학생들이 과학에 관한 기초지식을 쌓으면서 재밌게 톹 수 있는 책은 개론 교과서 이상 없다. 물리학에 관한 책으로는 대학을 입학해 배우는 〈일반물리학〉이 최고다. 이런 말을 하면 잘난체하는 교수가 신입생에게 겁을 주고 공부를 강요하는 것처럼 보일지 모르지만 물리학개론만큼 물리학을 체계적으로 정리해 놓은 책을 본 적이 없다. 물론 학창시절엔 나도 알지 못했던 일이다. 과학에 대한 기초지식을 쌓기 위해서는 기본적인 수학도 필요하고 직접 펜을 들고 수식을 적어 보기도 하고 그림을 그려가며 물리적인 상황을 오랫동안 끼적다 봐야 한다.

먹다 남은 우유로 컴퓨터 LCD모니터를 닦으면 모니터가 뿌옇게 변한다는 사실을 안다고 해서 과학의 기초를 안다고 생각하면 곤란하다. 달리는 버스 안에서 휴대전화를 공중으로 던지면 왜 뒤쪽으로 떨어지지 않고 내 앞으로 떨어지는지를 벡터를 이용해 중력가속도와 운동하는 물체의 포물선운동으로 설명해 낼 수 있는 정도는 되거야 한다. 다

들 과학을 쉽게 이해하려 하지만 세상에 쉬운 일이 없듯이 과학의 기초도 쉬울 리가 없다.

어디나 그렇듯 기초지식을 쌓는 것이 제일 어려운 과정이다. 결국 그 기초지식을 쌓기 위해 대학 4년을 보내는 것이라고도 볼 수 있다. 물리학과 4년을 공부해도 일반물리학 개론을 가볍게 다 이해한다고 생각하면 오해다. 사실 나도 일반물리학 개론을 매년 가르치지만 나 자신도 몰랐던 흥미로운 사실을 발견하기도 하고 다 알고 가르친다고 하지만 가끔 학생들 앞에서 틀리기도 한다. 그만큼 깊이가 있고 어렵다는 이야기다.

어쩌면 제일 어려운 책이 물리학 개론인지도 모른다. 하지만 개론에 학생들이 몰입해 주었으면 한다. 사실 개론 과정을 재미있게 보낼 수 있다면 다음은 쉬워질 수 있다. 다들 보면 이 과정을 넘기지 못하고 그만두어 버려 늘 안타깝다. 믿어주길 바란다!

우리 학생들이 이 과정을 무난히 보내는 방법은 차분히 개론서를 펴고 연필을 들고 풀어보는 방법밖에 없다. 처음엔 머리가 아프고 짜증이 나겠지만 참고 인내하면 분명 흥미로운 점을 많이 발견할 수 있을 것이다. 이 단계를 잘 넘기기 위한 책 한 권도 추천하고 싶다.

이 책은 일반물리학 개론을 보다가 오는 두통을 치유하는 데 도움을 줄 것이다. 알래스카 사진작가 호시노 미치오의 〈알래스카, 바람 같은 이야기〉와 요시토 우수히의 〈짱구는 못말려〉다. 이 책에서 얻는 감동과 웃음을 가지고 〈일반물리학〉에 도전해 보시길 바란다. 파이팅!

〈그림으로 보는 시간의 역사〉

스티븐 호킹 | 김동광 옮김 | 까치

물리책이 이렇게 재미있게 쓰인다는 것은 불가능하다. 이 책을 평가할 이유가 없다. 당장 읽어야 하고 이 책을 읽지 않으면 지구를 떠나야 한다.

〈호두 껍질 속의 우주〉

스티븐 호킹 | 김동광 옮김 | 까치

이 책도 마찬가지다. 물리책이 이렇게 재미있게 쓰인다는 것은 불가능하다. 이 책을 평가할 이유가 없다. 당장 읽어야 하고 이 책을 읽지 않으면 지구를 떠나서 돌아오지 말아야 한다. 정말 재미있다. 재미없다면 나에게 연락을 주길 바란다. 재미없다는 이유를 듣고 싶다.

〈X-선에서 쿼크까지〉

에미리오 세그레 | 박병소 옮김 | 기린원

이 책은 무조건 추천한다. 아무 페이지나 열어봐도 술술 읽히는 책이다. 이 책을 읽고 현대 물리학의 세계에 빠져보길 바란다. 저자인 에미리오 세그레 역시 노벨상을 수상한 사람으로 자신의 주변에 있던 과학자들의 진솔한 이야기를 담았다. 이만큼 물리학 시대를 집약적으로 집대성한 책은 없다.

Marie Curie

교수님과 함께 떠나는 물리학 여행

'물리학과에 들어가면 무엇을 배울까? 아마 처음부터 복잡하고 어려운 물리학을 배우게 되겠지?' 라고 생각하는 학생들이 많을 것이다. 하지만 속단은 금물! 물리학과에서는 실생활에서 우리가 접하는 현상들을 공부한다.

예를 들면 이러한 것들이다. 달리는 버스에서 휴대전화를 던지면 어떻게 될까? 휴대전화를 던지면 자기 손으로 다시 떨어질까? 왜 그럴까? 버스는 달리고 있고 휴대전화는 공중에 있는데 왜 밑으로 떨어질까? 만약 달리는 버스 창밖으로 손을 뻗어 휴대전화를 위로 던지면 어떻게 될까? 역시 자기 손으로 다시 떨어질까?

이 질문들에 대한 답을 알고 싶지 않은가? 실험을 해보면 간단하지만 그림을 그려가면서 물리적으로 따져보는 것도 매우 재미있다. 자, 재미있는 물리학 세계로 여행을 떠나보자.

교수님과 함께 떠나는
물리학 여행

기본 움직임에 대해 알자

세상은 움직이고, 그 세상 속에서 우리도 24시간 동안 움직인다. 우리가 움직이지 않으면 상대적으로 움직이는 것들을 보게 된다. 물리학은 움직임을 어떻게 바라볼 것인가 하는 질문에서부터 시작한다. 그래서 일반물리학에서 처음으로 배우는 것이 바로 역학이다. 양자역학과 구분하기 위하여 고전역학이라고 하는데, 시대적으로 20세기 이전의 거시적인 역학의 세계를 말한다. 한마디로 말하면 고전역학은 물체에 작용하는 힘과 운동의 관계를 설명하는 물리학이다.

역학의 시작은 뉴턴의 운동법칙에 대한 물리적 설명을 기초로 한다. 따라서 뉴턴의 이름을 따 뉴턴역학이라고 부르기도 하는데, 뉴턴의 물리학적 성과가 그만큼 크다는 이야기다. 고전역학은 다시 크게 두 분야로 나누어진다. 하나는 힘이 균형을 이루어 움직이지 않는 물체들을 다루는 정역학이고, 다른 하나는 운동하는 물체를 다루는 동역학이다.

고전역학은 우리 주위의 일상생활에서 일어나는 운동현상들을 정확하게 설명하고 예측할 수 있는 방법을 알려준다. 고전역학 계산을 이용하여 지금 우리는 우주선을 쏘아 우주정거장을 만들고, 우주선은 우주를 마음대로 여행할 수 있는 것이다. 그러나 모든 세계가 뉴턴역학만으로는 설명할 수 없다. 매우 빠른 빛의 속도로 움직이는 역학적 세계에서는 상대성이론이 적용되기 때문이다. 또한 원자단위와 같이 극히 작은 세계에서는 양자역학을 적용하며, 이 두 가지 조건을 동시에 만족하는 세계에서는 양자이론이 적용된다.

단위로 이야기하자, 그래야 물리를 시작할 수 있다

할아버지에게 목적지를 물어보면 "저 고개 넘어 한 십 리쯤 가봐. 그러면 거기가 거기야."라고 대답해 주시는 경우가 종종 있다. 하지만 가도 가도 끝은 없다. 도대체 십 리는 얼마이고 '거기가 거기야' 란 또 뭐란 말인가? 앞으로 몇 km를 가면 된다고 이야기해 주면 얼마나 좋을까?

교수님과 함께 떠나는
물리학 여행

학생들 역시 실험실에서 가끔 '적당히' 란 표현을 쓴다. 하지만 물리학 교과서에는 '적당히' 란 말은 없다. 물리학은 단위에서 시작된다. 그래서 물리학을 시작하기 위해서는 기본적인 단위를 공부해야 한다.

우리 주변에서 항상 사용하는 기본적인 물리단위는 길이, 시간, 질량이다. 이러한 기본적인 측정단위를 이용하여 물체가 움직인다든지 이동할 때의 운동을 기술하게 된다. '빠른 속도로 가고 있습니다' 라는 표현보다도 '약 10km 속도로 가고 있습니다' 라는 표현을 쓰게 된다.

우리 주위에서 움직이는 모든 역학적인 운동은 길이, 무게, 시간에 대한 물리적인 서술이다. 우리가 고속도로를 달리다 보면 고속도로 표지판에 '제한속도 100km/h' 라는 표시를 보게 된다. 이 표시는 움직이는 자동차의 속도를 규정하는 것이다. 즉, 시간당 우리의 차가 움직이는 거리를 규정한 것이다. km/h라는 단위는 1km의 거리를 1시간에 질주한다는 것을 의미한다. 이 단위의 의미를 안다는 것은 자동차의 속도를 아는 데 중요하다.

우리가 하늘을 향해 던지는 공은 하늘을 향해 날아간다. 하늘로 향해 쏜 로켓은 다시 지상으로 포물선 모양을 하고 떨어지게 된다. 이러한 운동을 3차원운동이라고 한다. 운동은 직선운동, 2차원운동, 3차원운동으로 나뉜다. 2차원운동은 x축과 y축의 두 축에 대한 운동이고, 3차원운동은 x축, y축, z축의 세 축에 대한 운동이다.

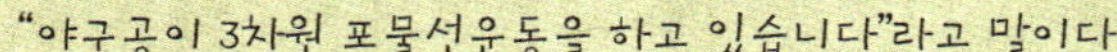

벡터와 스칼라는 물리학의 기초수학이다

야구공이 날아간다는 것은 어떤 방향을 가지고 날아가는 것이다. 즉 '3루수 방향으로 어떤 속도로 날아간다' 라고 표현할 수 있을 것이다. 이러한 물리적 표현을 위해서는 간단한 수학이 필요하다. 수학이라기보다는 약속이다. 그래서 방향과 크기로 규정된 물리적인 단위벡터를 사용하여 움직임을 기술한다. 이 표현을 쓴다면 움직이는 물체의 운동을 간단한 수학적인 기술을 통해 설명할 수 있다.

벡터는 물리적인 양의 크기와 방향을 함께 나타내는 것이다. 단순히 크기만 있는 것은 스칼라라고 한다. 만약 스칼라에 방향이 더해지면 어떻게 될까? 어딘가로 움직일 수 있는 운동을 의미하게 된다. 어떤 방향을 가진 물체의 운동 즉, 화살표 방향을 향해 돌진하려는 의지가 표시된 것이다. 크기와 방향이 정해진 완전한 양이 되는 것이다.

우리는 복잡한 삶을 살아간다. 매 순간 뭔가를 결정해야 한다. 어느 방향으로 갈 것인가? 그리고 어디로 향할 것인가? 어떤 강도로 이 일을 해치워야 하는가? 어떤 방향으로 이 일을 밀어붙여야 하는가? 사소한

것으로는 아침에 일어나 몇 시에 집을 나서서 어느 쪽으로 갈 것인지조차 판단해야 한다.

걷는다는 것은 물리학에서 어느 시간 동안 목적지에 도착해야 한다는 것이다. 어떤 속도로 가야 할 것인지를 우리는 무의식중에 생각하며 걸음을 조절한다. 지하철 문 앞에 도착하면 전동차는 운전사에 의해 다음 역으로 움직인다. 이때는 전동차가 나를 움직이는 주체가 된다. 전동차의 레일은 내가 향하는 방향을 나타내는 벡터이고 전동차의 속도는 스칼라다. 전동차가 정지했을 때 벡터의 크기는 제로가 된다. 방향은 있지만 속도의 크기가 제로이기 때문이다.

뉴턴의 법칙을 이해하면 물리학을 절반쯤 이해한 것이다

물리학에서 제일 기본이 되는 법칙은 뉴턴의 법칙이다. 뉴턴이 만든 3개의 법칙은 물리학의 시작이다. 이 3개의 법칙은 지구상에서 운동하는 모든 물체에 적용되는 기본 법칙을 완벽하게 설명하고 있다. 뉴턴의 법칙이라 해서 거창하게 들릴지 모르지만 이미 우리가 알고 있는 것들이다.

모든 물체에 힘을 가하면 질량이 있는 모든 물체는 운동을 한다. 당연한 것 아닌가? 힘을 가하면 물체는 운동을 한다는 이야기다. 이 물리적 사실은 진리다. 그는 이러한 자연의 기본 운동법칙을 간단한 수학을 이용해 표현했다.

그렇다면 여기서 힘은 무엇일까? 힘을 가할 때 모든 물체는 같은 운동을 할까? 힘을 가할 때 각각 물체의 질량이 다르면 그 물체는 다른 운동을 하게 될까? 이러한 문제는 우리가 실생활에서 항상 접하는 일이기도 하다. 왜냐하면 우리는 아침부터 잠들기 전까지 매 순간 힘을 쓰고 전달하며 살아가고 있기 때문이다. 힘을 쓰지 않고 살아갈 수는 없지 않겠는가? 그것은 죽음이다. 정지해 있는 물체는 힘이 제로다. 따라서 힘을 물리적으로 이해하는 것은 매우 중요하다.

우리는 하루에 몇 번씩 엘리베이터를 탄다. 엘리베이터가 올라가거나 내려갈 때 우리는 중력의 힘을 받게 된다. 만약 엘리베이터의 끈이 끊어진다면 어떻게 될까? 아마 우리 몸은 우주에 있는 것처럼 무중력 상태에 놓이게 될 것이다. 엘리베이터와 함께 떨어지는 시간 동안 중력이 없어져 무중력 상태를 느낄 수 있다.

반대로 엘리베이터가 갑자기 빠른 속도로 위로 움직인다면 피가 다리에 몰리고 몸이 찌부러지는 듯한 압력을 받게 될 것이다. 현재 우리가 받는 중력을 기압이라 할 때 엘리베이터의 움직이는 속도에 따라 1이상의 기압이 더해지기 때문이다.

우주선 로켓이 발사될 때 우리가 현재 받고 있는 중력의 10배 이상을

더 받는다고 한다. 머리 위에서 코끼리 한 마리가 누르는 듯한 힘을 받고 있는 것과 같을 것이다. 그래서 우주선 조종사에게는 코끼리를 들 수 있을 정도의 체력이 필요하다.

지구상에 있는 모든 물체는 중력을 받고 있다. 중력도 하나의 힘이다. 따라서 중력에 의한 물체의 운동은 매우 중요한 주제인 것이다. 반면 우주는 중력이 없는 무중력 세계다. 무중력 세계를 기술하는 물리학엔 중력이라는 힘이 없다. 하지만 간단한 물리학이 될 것이란 생각은 금물이다. 무중력 세계에서의 운동은 6차원 공간의 세계이다. 3차원 공간의 세계도 어려운데 6차원 공간의 물리학이라니! 분명 더 어려울 것이다.

물리를 잘하는 비법 1

사실 물리문제는 출제한 사람도 틀릴 때가 있다.
여러 가지 답이 존재할 수 있기 때문이다. 그만큼 어렵다는 이야기다.
물리문제는 풀기 어렵다는 생각을 가지고 접근하자.
그러면 오히려 성취감이 더 클 것이다.

cartoon essay

교수님과 함께 떠나는
물리학 여행

힘을 이해하면
세상이 달리 보인다!

에너지란 무엇인가?

우리는 일을 한 후에 에너지를 보충한다. 일을 하는 동안 힘을 써서 에너지를 소비했기 때문이다. 일과 에너지의 관계는 매우 중요하다. 역학적으로 물건을 들어 올리고 옮길 때 우리는 '일을 한다' 라고 말한다. 또한 물건을 선반 위로 올릴 때 역시 일을 한다고 한다.

역도 선수가 무거운 역기를 들고 땀을 흘리면서 다리를 떨고 있다. 힘을 쓰고 있는 것이다. 얼마나 힘을 쓰면 다리가 후들거리고 땀을 흘리겠는가? 물리적으로 표현해서 에너지가 힘을 통해 소모되고 있는 것이다.

힘을 써서 물건을 이동시키면 물체는 운동하면서 운동에너지를 가지게 된다. 운동에너지는 운동 상태와 관련 있는 에너지를 말한다. 물체가 빨리 움직이면 운동에너지는 커지고 물체가 정지해 있으면 운동에너지는 당연히 제로가 된다.

모든 과학에서 가장 중심이 되는 개념은 에너지다. 우리가 사는 세상은 물질과 에너지가 결합된 세상이기 때문이다. 여기서 물체는 실체이고 에너지는 실체를 움직이게 하는 것이다.

그렇다면 물질은 무엇인가? 물질은 질량을 가지고 있으며, 만지고 볼 수 있는 실체적인 것이다. 즉, 물질은 어느 일정 공간을 점유하고 있다. 반면 에너지는 무엇인가? 추상적인 개념이다. 장소와 물체는 에너지를 가지고 있지만 에너지의 형태가 전환될 때만 에너지를 관측할 수 있다.

우리는 섭취한 음식물을 소화하여 에너지를 얻게 된다. 또한 태양으로 받은 전자기파가 열에너지로 변환될 때 에너지를 관측할 수 있다. 이렇듯 에너지의 흐름은 우리의 삶을 결정한다.

역학적에너지 보존 법칙

역도 선수가 역기를 들고 있을 때 무거운 역기는 지상에서 떨어진 어느 일정 위치에 놓이게 된다. 중력을 거슬러 물건을 들고 있는 것이다. 즉, 중력에 대한 에너지를 가지고 있는 상태이다. 이를 포텐셜에너지라고 한다. 또한 위치에너지라고도 한다.

운동에너지와 포텐셜에너지는 어떤 시스템 내에서 에너지가 보존된다. 이 두 에너지는 서로 전환할 수 있으며, 어떤 상태에 있는 두 에너지의 합은 다른 상태로 전환될 때 변함이 없다. 이것이 바로 역학적에너지 보존 법칙이다. 두 에너지가 서로 에너지를 주고받는 것이지 새로운 에너지가 생성되지 않는다는 이야기도 된다. 하나의 에너지 형태가 단순히 다른 에너지로 전환된다는 뜻이다.

강둑이 무너져 물이 큰 힘을 가지고 흐르는 이치와 같다. 높은 강둑이 무너져 흘러내린다면 더 큰 흐름으로 흐를 것이다. 이러한 현상을 위치에너지와 운동에너지 차원으로 볼 때 강둑에 담긴 물은 위치에너지를 가지고 있는데, 강둑이 무너지는 순간 물의 흐름이 운동에너지로 바뀌었다는 것을 알 수 있다.

김일의 박치기는 충돌이다

60~70년대를 풍미했던 프로레슬링 선수 김일은 박치기 왕이었다. 그의 박치기의 위력은 정말 대단했다. 박치기 한 방으로 상대를 기절시킬 정도였으니 말이다. 내가 볼 때 그의 박치기는 물리적인 역학적 충돌에 해당된다. 어떻게 하면 효과적인 박치기를 할 수 있을까? 아마도 김일 선수는 몰래 물리적인 계산을 했을 것이다.

태권도 사범이 기합을 지르면서 한 번에 벽돌을 격파하고 나무판을 쪼갠다. 하지만 조수들은 몇 번 만에 간신히 성공한다. 어떻게 하면 완벽하게 한 번에 잘 쪼갤 수 있을까? 태권도 사범은 그 나무판에 살짝

금을 낸 것일까? 아니다. 사범은 사범이다. 그는 충돌이라는 물리를 이해했기 때문에 머리와 손이 아프지 않게 격파할 수 있었을 것이다.

아침 출근 시간에 주위에서 자동차끼리 가끔 충돌하는 사고를 접하게 된다. 두 자동차가 서로 충돌했을 때 어떠한 일이 벌어질까? 차종에 관계없이 어떤 차는 멀쩡한데 어떤 차는 구겨져 있다. 왜 그럴까? 이는 충돌할 당시의 조건에 의해 결정된다.

당구공과 당구공은 어떻게 서로 충돌하며 힘을 전달할까? 당구공의 어느 부분을 쳐야 직선으로 힘을 받고 어느 부분을 쳐야 더 급격히 휘어지는 걸까? 그리고 당구공을 어떻게 받아 쳐야 할까?

역학적인 운동에서 충돌이 차지하는 부분은 크다. 그리고 우리 주위에 서로 충돌하는 일은 수없이 이루어지고 있다. 하늘을 들어 우주를 바라보자. 직접 보이지는 않지만 우리의 머리 위에서 별이나 은하계의 우주적인 충돌이 지금도 이루어지고 있다.

물리적으로 이야기하면 충돌이란
2개 이상의 물체가 일정 시간 힘을 서로 주고받는 작용을 하는 것이다. 충돌을 이해함으로써 우리 주변에서 일어나는 많은 현상을 이해할 수 있을 것이다.

올림픽 선수와 회전운동

피겨스케이팅 김연아 선수가 아이스링크에서 회전을 한다. 성공하는

트리플 악셀! 어떻게 하면 이 동작을 매끈하게 해낼 수 있을까? 아마 김연아 선수와 그녀의 코치는 물리적으로 가능할 수 있는 방법을 연구할 것이다. 김연아 선수의 키와 몸무게를 재고, 체중에 맞는 속도를 계산하여 어떤 속도로 진행하다가 어느 시점에서 회전해야 하는지를 물리적으로 미리 계산했을 것이다. 그 계산을 통해 김연아 선수가 빠른 속도로 직선으로 움직여 몸을 급격히 돌려 하늘로 날아 세 바퀴 반의 회전을 하는 것이다.

이처럼 아이스링크 위에서 하는 피겨스케이팅의 본질을 물리학 입장에서는 간단히 '직선 운동에너지를 회전운동으로 전환시킨 운동의 변환'이라고 볼 수 있다.

우리 주위에 직선운동을 회전운동으로 전환하는 예는 닳이 있다. 자동차바퀴, 톱니바퀴, 모터, 위성의 회전, 기계바늘, 헬기의 날개와 같이 고정된 축으로 회전하는 물체에 대한 역학적인 운동이 여기에 해당된다.

몸집이 자그마한 유도 선수가 덩치가 2배인 선수를 가볍게 매트에 넘긴다. 업어치기기술이라는 것이다. 유도는 자신의 힘으로 하는 것이 아니라 상대방의 힘의 방향과 크기를 이용하는 것이다. 그래서 몸집이 작은 선수가 맷집이 큰 선수를 손가락 하나를 이용해서 쓰러뜨릴 수도 있다. 유도에서 서로 상대방의 유도복을 잡는 데 신경을 많이 쓴다. 이는 회전물리학을 이용하려는 것이다. 상대방 어디를 잡아야 쉽게 넘길 수 있는지를 알고 있기 때문이다. 반대로 자신을 넘기려는 상대방에게 어떻게 하면 넘어지지 않고 반격을 가할 수 있을지를 생각한다. 그것은 상대방의 방향에 쐐기를 넣을 수 있는 포인트에 힘을 주는 것이다.

물리는 유도다. 물리를 잘하면 유도를 잘할 수 있다. 하지만 유도를 잘하면 물리를 잘할 수 있는 것은 아닌 것 같다.

서커스에서 공중 곡예사들이 공중제비를 돈다. 세 바퀴의 공중제비는 반도체 사업의 하이테크와 같은 기술이다. 이 기술은 1982년 미구엘과 벨라스케스 형제에 의해 처음으로 성공했다. 그전에는 불가능했다. 이들은 어떻게 성공해 낼 수 있었을까? 아마 공중회전에서 자신의 몸의 직선운동에너지를 회전운동에너지로 바꾸는 타이밍을 연구했기 때문일 것이다. 서커스는 타이밍의 기술이다. 서커스기술도 물리현상을 통해 가능하게 되었다. 물론 피나는 연습도 필요하지만 공중에서 자신이 얼마만큼 움츠려야 하는지를 이론적으로 먼저 예측한 후, 피나는 연습을 한 것이다.

이 외에도 다이빙 선수의 회전이 있다. 다이빙 선수는 다이빙대에서 힘차게 떨어지면서 다리와 팔을 끌어당겨 몸을 움츠리는 식으로 회전을 하다가 수영장에 입수하기 전에 몸을 펴면서 떨어진다. 이는 몸의 회전 관성을 이용하기 위해 몸을 움츠리고 펴는 것이다. 어느 순간에 어떻게 몸을 움츠리

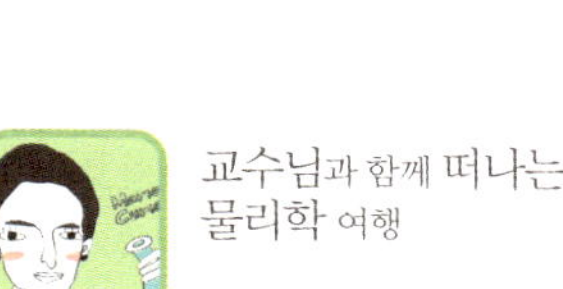

고 펴야 공중에서 회전 후 수직으로 물속에 들어갈까? 대부분의 다이빙 선수들이 공중으로 뛰어올라 비트는 자세로 회전을 한 후 직선으로 물속에 들어간다. 이런 복잡한 자세를 하기 위해 다이빙 선수들은 자신이 위치해 있는 다이빙대의 높이, 자신의 키, 몸무게, 팔의 길이, 몸의 저항, 수영복의 재질과 공기저항을 생각한 후 자신이 다이빙대를 떠나 몇 초 동안 공중에 머물 수 있는지를 계산해야만 한다. 즉, 직선과 회전운동량의 크기와 방향을 이론적으로 생각해야 한다.

먼저 이론적인 것을 생각한 후 열심히 물속에 뛰어들어야 한다. 무조건 뛰어드는 것은 스포츠가 아니라 물놀이다. '스포츠가 과학이다' 라는 말은 다 여기서 나온 것이다.

바위 타기는 물리적 평형을 이용한 것이다

장비 하나 없이 민둥산 돌 바위틈 사이에 손가락과 발을 끼워가며 위로 오른다. 오르는 것은 그렇다 해도 어떻게 내려오려는 것일까? 걱정이 앞서지만 안전하게 올라간 사람은 안전하게 내려올 줄 아는 사람이다. 그들의 바위를 타는 기술은 물리학적인 평형기술을 이용하고 있다. 바위를 타는 기술 역시 어찌 보면 고도의 물리학이다.

하늘을 찌르는 바위틈에 반바지 차림으로 아무런 장비 없이 암벽을 따라 오른다. 몸을 한쪽 암벽에 기대고 다리로 반대쪽 암벽을 밀면서 오르는 것이다. 오르는 도중 힘이 들면 반대편 암벽에 다리를 걸쳐놓고 물도 마시고, 가지고 간 초콜릿 간식도 먹으며 잠시 쉰다. 어떤 형태로 바위틈에서 평형을 유지해야 하는지 알기 때문에 힘들지 않다. 이런 바위타기기술도 물리학을 이용한 것이다. 발과 어깨 사이에 최적의 간격을 유지하고 적은 힘을 가해 평형상태를 유지하면서 아래로 떨어지지 않고 오르기도 하고, 옆으로 가기도 하고, 휴식을 취하기도 한다. 바위를 타는 사람이 물리학을 공부해야 하는 또 다른 이유는 안전을 위해서다.

우주에서 중력의 법칙은 매우 중요하다

우리가 사는 지구는 은하의 중심으로부터 약 2만 6,000광년 떨어진 은하계 원판의 가장자리에 있다. 은하의 중심은 궁수자리라고 알려진 별자리에 있는데, 우리의 은하계는 10만 광년 떨어진 거리에 있는 안드로메다은하와 마젤란대성운과 같은 몇 개의 작은 은하계로 구성된 소우주에 속한다. 이 소우주단은 거대 우주군을 형성하는 일부분인 것이다. 이러한 복잡한 우주군을 형성하고 묶는 힘은 무엇일까? 간단하다. 바로 중력이다. 우주에서와 마찬가지로 모든 지구상의 물체와 생명은 중력의 힘을 받고 있다. 자신의 무게에 해당되는 무게의 힘을 받고 있는 것이다. 작은 사람은 작은 사람 나름대로 큰 사람은 큰 사람

나름대로 자신의 무게에 해당되는 중력을 받는다. 따라서 우주에서의 중력의 법칙은 매우 중요한 법칙이다. 중력은 지구상의 우리와 물건들을 지구에 묶어둘 뿐만 아니라 은하 사이의 우주까지 뻗쳐있는 힘이기도 하다.

물리학자 뉴턴은 23세 때 달이 지구궤도를 돌게 하는 힘이 사과를 떨어지게 하는 힘과 같다는 것을 보임으로써 물리학 발전에 큰 공헌을 하였다. 대단한 진리를 발견한 것이다. 지구가 사과와 달뿐만 아니라 우주 안의 여러 행성을 끌어당기는 것이 바로 중력이라는 것을 밝혀낸 것이다. 따라서 모든 질량을 가진 물체는 서로 끌어당기며 그 크기에 비례한다는 법칙을 만들었다. 그리고 그의 이름을 따 뉴턴의 중력의 법칙이라 한다.

태양 주위를 도는 행성은 주기적인 운동을 한다. 행성의 운동을 예측할 수 있는 중력이 있기 때문에 행성의 법칙을 예측할 수 있다. 이 법칙은 케플러가 만들었다. 태양 주위를 도는 행성에 관한 운동을 예측할 수 있는 것은 물론, 지구나 다른 행성을 도는 인공위성에도 적용할 수 있는 법칙을 발견한 것이다. 이러한 법칙을 만든 케플러는 누구일까? 괴짜 과학자 케플러는 1571년 독일에서 태어났다. 원래 루터교의 목사가 되려고 했지만 천문학에 더 깊은 관심을 가져 진로를 바꾸었고, 왕실 천문학자로 활동했던 브라헤의 조수로 일하게 되었다. 하지만 얼마 안 있어 스승 브라헤가 갑자기 죽고, 케플러는 그 스승의 지위와 행성운동에 대한 방대하고 정확한 천문학적인 자료들을 물려받게 되었다. 스승의 연구업적과 지위를 하루아침에 물려받는 행운을 얻은 것이다. 그는 스승의 뒤를 이어 지칠 줄 모르는 열성과 끈기로 연구를 거듭해 1609년 행성운동에 대한 두 가지 법칙을 만들고, 10년 후인 1619년에 세 번째 법칙을 만들어 냈다. 이 행성운동의 법칙은 천문학과 수학의 역사에서 획기적인 사건으로 기록될 만한 일이었다. 그의 천재성과 노력이 빛을 본 것이다.

그 세 가지 법칙은 다음과 같다. 첫째, 행성은 태양을 한 초점으로 하는 타원궤도를 따라 태양의 둘레를 돈다. 둘째, 행성과 태양을 잇는 동경은 동일한 시간 동안 같은 면적을 그린다. 셋째, 행성이 자신의 궤도를 완전히 한 바퀴 도는 시간의 제곱은 궤도의 반장축의 길이의 세제곱에 비례한다. 이는 그 당시 위대한 발견이었다.

스승 브라헤의 치밀한 기록으로부터 이 법칙을 경험적으로 발견한 것은 과학에서 지금까지 만들어 낸 가장 괄목할 만한 귀납법 중의 하나로 기록되고 있다. 케플러의 발견은 종종 매우 신비스러운 공상과 과학적 진리에 대한 깊은 이해의 종합적 산물의 상징물로 표현된다. 그러나 그의 과학적 성취와는 반대로 그의 사생활은 불행하였다. 그는 4세 때 천연두에 걸려 대부분의 시력을 잃은 상태였다. 결혼생활도 불행했다. 그의 아들은 천연두로 죽었고, 아내는 미쳐서 죽었다. 그는 도시가 가톨릭교의 수중으로 들어갔을 때 대학에서 교수직을 박탈당

했고, 그의 어머니는 마법을 쓴다는 이유로 고발되어 투옥되었다. 케플러는 거의 1년 동안이나 어머니를 감옥으로부터 구해내기 위해 노력했지만 자신만이 가까스로 이단 선고를 피할 수 있었다. 그는 경제적으로도 매우 어려웠다. 그는 두 번째 결혼에도 실패하여 말년에 별점을 쳐주며 생계를 유지하였다고 한다. 그리고 1630년 열병으로 죽었다고 전해진다.

위대한 법칙을 만든 과학자의 최후가 비참하기 그지없다. 그의 불행한 인생과는 달리 행성의 운동은 주기적인 운동을 지속적으로 하고 있다. 신의 비밀을 알아낸 대가일 것이라고 누군가 달하지만 사생활은 사생활이고 물리는 물리다.

물리를 잘하는 비법 2

물리문제에 한 가지 해답은 없다.
절대로 답을 보지 말고 문제를 풀자. 1주일이 걸릴지라도 답을 보고
문제를 이해하겠다는 바보 같은 생각은 하지 말자. 틀리면 다시 시작하자.
여러분이 푼 오답이 정답일 수 있다. 언젠가 풀리겠지 하는 마음으로
꾸준히 문제를 생각하자. 한 문제를 정확히 해결할 수 있으면
다음 문제부터는 쉬워진다.

cartoon essay

교수님과 함께 떠나는
물리학 여행

파리 라데팡스의 건물이 서 있을 수 있는 까닭

고혈압을 예방하기 위해서 유체역학 공부가 필요하다

우리는 매일 물과 공기를 마신다. 물과 공기는 대표적인 유치다. 물리적으로 흐를 수 있는 모든 물체를 유체라고 정의한다. 액체나 기체 같은 유체는 일상생활과 매우 밀접한 관계를 가진다. 우리는 숨을 쉬고, 물을 마신다. 혈액이 온몸을 쉼 없이 순환하고, 바다 역시 쉼 없이 움직이며, 하늘의 공기도 쉼 없이 움직인다.

우리 주위를 한번 둘러보면 유체의 흐름은 어디서든지 쉽게 볼 수 있다. 보일러 장치, 화장실 변기, 자동차 타이어, 연료탱크, 에어컨, 전기포트, 스타벅스의 에스프레소 장치에도 유체의 흐름이 존재한다. 우리가 쓰는 수력 발전소의 전기는 강물을 강제적으로 닥아 강물이라는 유체의 포텐셜에너지를 이용해 만들고 있다.

형체가 있는 유체의 움직임은 역학적에너지로 표현될 수 있다. 형체가 있고 질량이 있어 뉴턴의 법칙을 따른다. 하지만 유체는 담긴 그릇의 형태에 따라 모양이 변한다. 즉, 유체 내의 변화무쌍한 위치에 따라 특성이 변하게 된다. 따라서 유체의 운동을 표현하는 데 질량이나 힘보다는 밀도와 압력 단위를 사용하는 것이 편리하다. 여기서 밀도는 어느 부피 속에 들어 있는 질량을 나타내며, 압력은 어떤 면적에 수직으로 가해지는 힘과 같다. 유체역학은 질량과 압력을 이용해 표현된다. 예를 하나 들자. 아침에 일어나 치약 튜브 끝을 누르면 치약이 나온다. 그 원리는 무엇일까? 왜 치약의 뒤 끝을 살짝 눌렀는데 앞에서 치약이 나오는 것일까? 치약 속에 유체역학의 원리가 숨어 있기 때문이다. 다시 이야기하면 용기에 갇혀 있는 치약이라는 유체에 압력이 가해지면 압력은 튜브 속 치약의 모든 내부와 유체를 담고 있는 그릇의 모든 부분에 똑같이 전달된다. 이를 파스칼의 원리라고 한다. 모든 유압장치가 이 원리를 이용하고 있다. 이 원리를 이용해 무거운 자동차를 들어 올리기도 한다. 이런 유압장치 없이 어떻게 우리가 자동차를 들 수 있겠는가?

다른 예를 들어보자. 수영장에서 우리가 튜브를 잡고 있으면 물 위로 뜨게 된다. 이를 부력이라 한다. 또한 아르키메데스의 원리라고도 한다. 이 원리를 이용하여 바다에 빠진 무거운 배를 부력의 크기를 계산해 들어 올리기도 한다. 바다에 빠진 잠수함이라든지 침몰한 배를 부력을 이용해 들어 올릴 수 있다.

자동차의 형태가 점점 유선형으로 변하고 있다. 디자인적인 이유도 있지만 유체역학을 이용하여 자동차 주위를 지나는 공기의 저항을 줄

이기 위해서다.

유체의 흐름과 유체가 받는 압력과의 관계가 베르누이의 정리인데, 이 원리를 안 다면 빌딩 사이 통로로 왜 바람이 빨리 부는 지를 알 수 있다. 베르누이 방정식은 유 체의 흐름을 속도와 유체가 받는 압력 과의 관계로 설명한다.

바람이 넓은 곳에서 좁은 통로에 다다르면 뒤쪽의 압력이 앞쪽의 압 력보다 더 높아지기 때문에 바람을 밀어서 더 빠른 속도로 지나가게 한다. 반대로 바람이 넓은 곳에 다다르면 앞쪽의 높은 압력이 바람을 감속시켜 느리게 지나게 한다. 따라서 갑자기 좁아진 통로에 바람이 거센 이유는 공기라는 유체가 베르누이 방정식을 따르기 때문이다.

파리의 라데팡스에 가면 개선문과 같은 아치형 빌딩이 있다. 이 빌딩 건물 중간에는 천으로 된 작은 칸막이가 있는데, 이 칸막이는 디자인 적으로도 매우 중요하지만 유체역학적 흐름 입장에서도 매우 중요하 다. 이 빌딩에 중간 칸막이가 없다면 아마도 거센 바람 때문에 사람들 이 건물을 지나다니기 힘들 것이다. 즉, 칸막이가 있기 때문에 건물도 안전하게 있는 것이다. 분명 라데팡스의 건물은 베르누이의 법칙을 이해하고 건축되었다.

혈관에 혈액이 흐르면서 발생하는 압력을 혈압이라고 한다. 혈압에 의해 몸속에 피가 흐른다. 혈관 속으로 피가 흐르지 않으면 살아가는

데 필요한 산소와 영양분을 중요 기관에 공급하지 못하여 활동할 수 없다. 심장은 이 혈압을 조절한다. 따라서 심장은 우리의 몸에서 가장 중요한 기능을 수행하는 것이다. 혈압은 늘 일정하지 않고 몸이 산소와 영양을 필요로 하는 만큼 수시로 변한다. 즉, 운동을 하거나 흥분하면 올라가고 쉴 때나 잠잘 때는 저하된다. 혈압은 수시로 변한다. 심장이 수축하여 피가 혈관을 흐를 때는 혈압이 올라가고 수축하는 사이 이완된 상태에서는 심장에서 혈관으로 피가 나가지 않기 때문에 혈압이 떨어진다.

전문적으로 이야기하면 심장이 수축할 때 상승한 혈압을 수축기압, 이완할 때 낮아진 혈압을 확장기압이라고 한다. 병원에서 간호원이 혈압을 재면 수치로 140/80mmHg와 같이 표시한다. 여기서 수치 140은 높은 혈압을 나타내며 수축압력을 말한다. 낮은 수치 80은 낮은 혈압을 나타내며 확장압력을 나타낸다. 단위 mmHg는 압력을 나타내는데, 이 단위는 수은을 이용한 단위로 수은주의 높이를 mm로 표기한 압력 단위이다.

혈압이 높아지면 심장이 수축한다. 때문에 피를 내보낼 때 심장은 더 많은 힘을 들여서 수축하여야 필요한 양을 공급할 수 있다. 그래서 혈압이 낮은 사람에게서보다 심장의 부담이 늘어나게 된다. 혈관의 내막이 손상을 받게 되고, 동맥경화증을 일으켜서 여러 장기에 손상을 입히기도 한다.

혈관 속 혈액의 흐름은 분명 베르누이의 정리를 따른다. 혈압은 혈관 속의 압력이므로 혈액량과 실핏줄의 지름의 크기에 의해 좌우된다. 수도관에 고무호스를 연결하여 잔디에 물을 줄 때 수도를 세게 틀거나 고무호스를 손가락으로 좁히면 물줄기가 세어지고 멀리 나가는 것을 경험할 수 있다. 이때 고무호스의 압력이 높아지는 것이다. 같은 이치로 어떤 원인에 의해 혈액량이 증가하거나 실핏줄의 지름이 좁아지면 혈압이 상승하게 된다. 심장의 압력에 의해 혈액이 전달되는 모든 현상은 유체역학의 기본식 베르누이 정리를 따른다. 하지만 인체 내의 정확한 전달과정은 간단한 물리식으로 표현할 수 없다. 간단히 기술하기엔 우리의 신체는 너무나 복잡하다.

우리 주위에 진동은 지속되고 있다

벽에 걸려있는 커다란 벽시계 추가 딸깍딸깍 움직이다. 이렇게 반복적으로 되풀이되는 운동을 '진동한다'고 한다. 일상생활에서 이처럼 운동을 되풀이하는 것은 흔히 볼 수 있다. 기타를 치면 기타 줄이 진동을 한다. 음악을 듣는 헤드폰의 진동막이 진동을 해 소리가 전달된다. 고급시계는 태엽을 감아서 움직이는데, 태엽을 감으면 손목시계 속의 추가 진동을 한다. 전지로 작동하는 자동시계에는 수정진동자가 있다. 전기를 가하면 수정진동자가 진동을 하는 것이다.

진동의 특성은 시간당 진동하는 횟수로 나타낸다. 이를 진동수라고 하다. 그 기본 단위로 헤르츠를 사용하며, 한번 진동할 때 걸리는 시간을 주기라고 한다. 주기가 빠르다는 것은 빠른 시간 안에 바쁘게 움직인다는 뜻이다. 이것을 물리학에서 단조화운동이라고 표현하는데, 스프링에 매달린 운동이 여기에 해당된다. 물리학에서는 이러한 진동의 운동 법칙을 좋아한다. 규칙성을 응용한 현상이 많다는 뜻이다.

물리를 잘하는 비법 3

물리는 시간과의 싸움이다.
시간이 걸리더라도 한 가지 주제에 대해 정확히 이해하고 넘어가자.
하나의 물리문제를 풀기 위해서는 여러 가지 지식이 필요하다.
따라서 문제와 관련된 지식을 종합적으로 공부해야 한다.
대충 넘어가면 처음부터 다시 시작해야 한다.

cartoon essay

열역학을 알면 지구 온난화를 이해할 수 있다

열역학은 우리의 생활과 제일 밀접한 학문이다

우리는 왜 아침, 점심, 저녁, 꼬박 세끼를 먹을까? 우리의 체온은 어떻게 유지될까? 자장면을 먹으면 몇 칼로리가 소모될까? 다이어트를 하기 위해 한 끼에 몇 칼로리를 먹어야 할까?

열에 대한 기본적인 물리현상을 열역학이라 한다. 열역학의 기본적인 개념은 온도다. 온도는 뜨겁거나 차가운 느낌을 나타낸다. 그렇다면 열은 무엇인가? 열은 온도 차이에 따라 전달되는 에너지다. 에너지는 높은 곳에서 낮은 곳으로 전달된다. 냉장고에서 꺼낸 주스가 미지근해지고 따뜻한 커피가 시간이 지나면 방 안의 온도와 같아지는 것은 열이 서로 전달되기 때문이다. 열에도 시간에 따른 열에너지의 변화와 흐름이 있다. 그래서 열역학이라고 한다.

알루미늄 냄비는 열을 가하면 금방 뜨거워지고 스테인리스 밥그릇은 한참 후에 뜨거워진다. 그래서 라면을 끓일 때는 알루미늄 냄비가 제

격이다. 스테인리스 밥그릇은 오랫동안 열전달이 안 된다. 그것은 알루미늄 냄비와 스테인리스 밥그릇의 비열이 다르기 때문이다. 비열은 단위 질량의 물질 온도를 1도 높이는 데 드는 열에너지를 말한다. 물의 비열은 1이고 알루미늄의 비열은 0.215다. 즉, 알루미늄에 열을 가할 때 물보다 쉽게 온드가 올라간다는 것을 의미한다.

그렇다면 열은 어떻게 전달될까? 금속의 경우에는 금속을 따라 전도되며, 단열재는 열이 쉽게 전달되지 않는다. 난로를 피우면 방 안 공기는 더워진다. 대류를 통해 열이 전달되는 것이다. 대류에 의해 따뜻한 공기가 위로 올라간다. 대기 중의 공기도 마찬가지다. 지구에서 대류는 지구 전체의 기후를 결정한다. 모닥불 앞에 있으면 우리는 따뜻함을 느낀다. 이를 열복사라고 한다. 전자기파에 의해 열을 받는 것이다. 열의 전달을 물리적으로 이해하는 것은 우리 생활에서 매우 중요하다. 왜냐하면 우리 몸의 평균 온도가 36도인데 여기서 2~4도가 올라간다면 고열로 쓰러지게 된다. 심하면 죽기까지 한다. 만약 우리 몸이 2도 이상 낮아진다면 저온병으로 인해 죽고 말 것이다. 우리 몸의 체온을 열역학적으로 어떻게 유지하느냐는 매우 중요한 일이다. 따라서 우리가 음식을 먹는 중요한 이유 중 하나는 음식물의 칼로리를 이용하여 우리 몸의 체온을 유지시키기 위한 것이다. 즉, 열역학의 기본적인 물리를 이해한다는 것은 생존의 문제이기도 하다.

피부의 기능 역시 열역학적으로 매우 중요하다. 피부의 기능은 여섯 가지로 나눌 수 있다. 우선 세균 침입을 막는 기능이다. 그다음 중요한 기능으로 체온조절 작용이 있다. 외부 환경이나 기온 상태의 변화에 따라 외부환경에 맞추어 피부혈관의 확장과 수축에 의해 열의 발산을 조절하여 체온을 항상 일정하게 유지한다. 피부의 피하조직을 피하지방층이라 하는데, 이 부분은 지방조직으로 되어있으며, 표피와 진피로의 영양공급, 체형결정, 체온유지 등의 역할을 맡고 있다. 몸의 열절연체로서 작용하는 것이다. 또한 피부는 지방세포로 구성되며 압박에 잘 견딜 수 있도록 쿠션 역할을 한다.

열역학에서 중요한 것은 압력·온도·부피의 관계이다

우주복을 입지 않고 우주정거장 밖으로 나간다면 어떻게 될까? 끔찍한 일이 벌어질 것이다. 등산을 가서 밥을 하면 밥이 잘 되지 않는다. 산 위가 지상보다 압력이 낮아 물의 온도가 100도가 되지 않아도 끓기 때문이다.

그렇다면 우주의 압력은 얼마일까? 지구로부터 300~500km 떨어진 우주공간의 기압은 거의 1억분의 1기압이다. 이런 진공상태에서 인간

이 우주복을 착용하지 않고 그대로 노출된다면 온몸은 팽창해 혈액이 끓고 수십 초 사이에 터지고 말 것이다. 압력이 낮아지면 순식간에 낮은 온도에서 물이 끓는 원리와 같다. 그래서 우주에서는 우리 몸의 압력을 유지하기 위해 100kg이 넘는 우주복을 꼭 입어야 한다. 우주복은 우리 인체의 압력을 유지시키는 중요한 기능을 수행한다.

온도와 압력 그리고 부피와의 관계는 상황에 따라 변하는데, 이러한 관계를 보일 샤를의 법칙이라 한다. 밀폐된 용기 안에 들어 있는 기체의 압력과 부피에 대한 관계를 결정하는 것이다. 실린더의 피스톤을 움직이면 실린더의 부피는 변하게 된다. 이때 실린더 내부 부피의 변화에 따라 압력의 변화가 생기는데, 이것은 실린더 내부의 공기에 의해서 압력이 변동하기 때문이다. 물론 이때 온도도 변하게 된다.

압력과 부피와의 관계를 통해 밀폐된 실린더 용기 속 기체의 압력과 부피 사이의 물리적인 관계를 정의한다. 이 원리를 이용해 증기기관을 만들었다. 기초적 물리학 법칙이 산업을 이끄는 원동력이 된 것이다.

이 법칙은 수많은 자연현상과 대기현상에도 밀접한 관계가 있다. 매일 접하는 일기예보가 기압과 온도에 대한 정보를 기본적으로 발표하듯이 지구 온난화 문제를 해결하기 위해서도 열역학의 공부는 필수적이다.

엔트로피는 열역학의 기본 법칙이다

엔트로피는 열역학의 중요한 법칙이다. 자연현상을 이해하는 데에도 매우 중요하다. 자연에서 일어난 현상에는 가역적인 반응과 비가역적인 반응이 있다. 어떤 고립된 상황에서 일어나는 현상은 결코 되돌릴 수 없는 경우가 있는데, 이를 비가역적인 반응이라 한다. 부푼 풍선을 손으로 잡고 있다가 놓으면 날아간다. 풍선을 가득 채우고 있던 공기는 방 안으로 퍼진다. 결코 그 공기가 다시 풍선 안으로 모이는 일은 없다. 이와 같이 반대 방향으로 일어날 수 없는 과정을 비가역적인 과정이라 한다. 흐르는 강물이 이전의 자리로 되돌아올 수 없는 이치와 같다. 엔트로피는 온도와 열량과의 관계 속에 정의된다. 즉, 열량에 대한 온도의 양을 표시하는 변수로 엔트로피가 정의되는 것이다. 비가역적인 엔트로피는 항상 증가한다. 이러한 특성 때문에 엔트로피는 시간의 진행방향에 놓이게 된다. 시간의 역방향 과정인 엔트로피를 감소시키는 과정은 이루어질 수 없다.

엔트로피의 개념을 발견한 카르노는 열기관을 개발했다. 그가 개발한 열기관은 최고의 동력장치로 하이테크 산업에 해당되는 것이었다. 당시 증기기관 장치의 개발이 이루어졌다는 것은 그의 연구가 최첨단이었다는 것을 말해준다. 열기관은 열에너지를 뽑아내 일을 할 수 있는 장치다. 증기기관에서는 증기를

이용해 증기터빈을 돌리고, 엔진 등에서는 가솔린이나 휘발유를 이용해 일을 수행하게 된다. 루돌프 디젤이 개발한 디젤기관은 공기를 단열 압축하여 고온으로 만들어 순간 연료를 분사하여 자연 발화하는 장치이다. 압축비가 높아 엔진의 강도와 공정이 정밀해야 한다. 소음이 크다는 단점이 있지만 압축비가 높아 점화장치가 없어도 될 뿐만 아니라 엔진 효율이 가솔린 엔진보다 30~40% 정도 높다.

우리 주위에는 실제 엔트로피를 이용한 열역학 장치가 많이 이용된다. 이는 열역학이 실생활과 매우 밀접하다는 것을 말해준다.

물리를 잘하는 비법 4

어려운 이야기일지 모르지만
물리학은 추상화를 그리는 것과 같다.
그림일기를 쓰듯이 좋은 노트를 하나 구입해
자신이 이해한 물리를 정리해 두자.

cartoon essay

교수님과 함께 떠나는
물리학 여행

전기와 빛 없이 살 수 없는 물리학적 이유들

겨울철 스웨터를 갈아입을 때 정전기가 발생한다. 스웨터를 통해 순간적으로 전기가 발생한 것이다. 물체의 구성단위인 원자는 플러스 전하를 가진 양전하와 마이너스 전하를 가진 음전하로 구성되어 있다. 물체는 일반적으로 동일한 수량의 양자와 전자를 가지그 있기 때문에 전기적으로 중성이다. 그러나 물체가 접촉하여 쿤리하거나 마찰이 있을 때, 두 물체 사이에 전자의 이동이 발생하여 한 물체는 전자를 얻어 마이너스 전하가 되고, 다른 물체는 전자를 손실하여 플러스 전하가 되어 정전기가 발생하는 것이다.

사람이 걷거나 앉고 일어서는 경우를 비롯해 모든 둘체가 이동할 때는 정전기가 발생한다. 정전기의 발생 정도는 습도, 물체의 특성, 마찰열, 접촉면의 상태에 영향을 받는다.

전기를 띠는 기본 전하는 플러스 전하와 마이너스 전하를 가지는데, 서로 다른 전하는 끌어당기고 같은 전하는 서로 밀어낸다. 밀어내거나 끌어당길 때 서로 힘이 작용하는데, 이를 쿨롱의 힘이라 한다. 이 힘은 거리가 멀어질수록 자승으로 작아지고 전하의 크기에 비례해 커진다.

전하가 영향을 미치는 곳을 전기장이라 한다. 축전기는 전기장에 전기에너지를 저장한 것을 말한다.

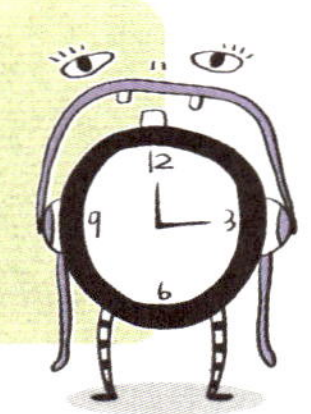

전설의 기타리스트 지미 헨드릭스와 전자석

구리선에 전류를 흘려보낼 때 주위 공간에 자기장을 형성한다. 이를 전자석이라 하는데, 전자석의 크기는 전류의 크기에 비례한다. 그리고 냉장고에 붙어있는 자석은 전류 없이도 자기장을 만든다. 이를 연구 자석이라 한다.

우리 주위를 한번 둘러보면 전자석과 자석을 쓰는 곳을 쉽게 찾을 수 있다. 컴퓨터 속에는 몇 개의 전자석이 있을까? 컴퓨터 하드디스크는 물론 하드디스크를 작동하기 위한 모터 속에도 수많은 전자석이 사용되고 있다.

전자기타 역시 전자석을 이용하고 있다. 전자기타를 예술의 반열에 올려놓은 아티스트가 있다. 지미 헨드릭스다. 전설의 기타리스트 지

미 헨드릭스는 전자기타를 전자악기로 제일 먼저 받아들인 사람이다. 직접 전자기타를 제작하기도 했다. 그는 전기와 자기장의 상호작용을 이해해 자기장의 변화에 의해 전기적으로 기전력이 유도된다는 원리를 이용하여 전자기타를 만들었다.

기존의 통기타는 기타 줄들의 진동 정도에 따라 빈 몸통에서 만드는 음향효과에 의존했지만 전자기타에는 공명 통이 없다. 대신 금속 기타 줄의 진동이 전기 픽업에 걸린 신호를 증폭하여 소리를 자유스럽게 변형해서 쓸 수 있다. 금속 전기 기타 줄을 진동시켜 전자기를 유도시킨 장치로 지금의 전자기타를 개발했고 하드록을 연주할 수 있었다. 물리와 로큰롤이 만난 것이다.

전자기타를 제일 먼저 받아들인 지미 헨드릭스는 위대한 사람이다. 그의 삶을 한번 살펴보자. 그의 아버지는 탭 댄서였고 어머니는 알콜 중독자였다고 한다. 어느 날 지미는 아버지로부터 우쿠렐레라는 악기를 선물 받는데, 이것이 그에게 있어 음악과의 첫 만남이었다. 16세에 어머니가 알콜 중독과 결핵으로 병원에서 사망하는 등 우울한 청소년기를 보낸 그에게 음악이 유일한 친구였다고 한다. 학교에서 퇴학당한 그는 군에 입대해 카수알스라는 밴드를 조직하 연주를 계속했고, 제대 후 그의 기타실력이 유명해져 당시 명기타리스트로 이름을 날리던 마이크 브룸필드나 에릭 클랩튼 등에 비교되기도 했다. 그리고 드디어 역사적인 데뷔작 《Are You Experienced?》를 발표하였다.

이 앨범에서 그는 환상적인 사이키델릭 하드록 기타를 들려주어 음악계에 충격을 주었다. 화려한 데뷔에 이어 그는 계속해서 기타 역사에 길이 남을 걸작 앨범들을 발표했고, 역사상 최고의 기타리스트로 평가받고 있다.

지미 헨드릭스는 명실 공히 역사를 바꾼 대기타리스트다. 그는 흑인 특유의 끈끈함이 배어 있는 블루노트 펜타토닉을 기반으로 강렬하고 공격적이며 격한 연주를 보여주었다. 심지어 기타를 불에 태우거나 이빨로 물어뜯는 아방가르드적인 예술을 보여주었다. 그는 기타를 단순히 연주하는 악기가 아닌 예술표현을 위한 악기로 승격시킨 것이다.

빛의 굴절과 아지랑이

빛은 당구알과 같다. 진행하다가 다른 물질을 만나면 직진하지 않고 자신이 진행하는 방향을 바꾼다. 이를 굴절이라 한다. 굴절이란 하나의 매질로부터 다른 매질로 진입하는 빛의 파동이 그 경계 면에서 진행하는 방향을 바꾸는 현상이다. 매질에 따라 굴절률은 다르다. 빛이 지나가는 매질이 다르면 그 속에서 빛의 속도가 다르기 때문이다.

당구알이 물속을 지날 때와 공기를 지날 때의 속도는 분명 다르다. 빛은 어떤 특정한 물질에 따라 속도가 달라진다. 하지만 공기에서 빛의

속도는 변하지 않는다. 이러한 현상을 우리는 주의에서 쉽게 볼 수 있다.

지평선에 피어오르는 아지랑이, 별의 반짝임, 그리고 물에 수저를 넣었을 때 수저가 굽어 보이는 현상 등은 굴절현상에 의한 것이다.

아른아른 피어오르는 아지랑이는 굴절의 대표적인 현상이다. 아지랑이는 땅 표면에 있던 수분이 공기 중으로 열을 받아 증발되어 올라가면서 그곳을 지나가는 빛을 굴절시켜 발생하는 것이다. 수분이 포함된 공기층을 빛이 통과할 때 굴절되어 보이는 것이 바로 아지랑이다.

또한 수저를 수돗물과 설탕물에 넣었을 때 굽어 보이는 정도는 다르다. 설탕물에 넣었을 때 더 많이 구부러져 보인다. 설탕물이 그냥 물보다 큰 굴절을 가지고 있기 때문이다. 물론 짙은 농도의 설탕물일 때 수저의 굴절률은 더욱 크게 된다. 굴절률에 영향을 주는 다른 요인으로는 매질의 온도, 압력, 그리고 빛의 파장이 있다.

이러한 굴절현상을 이용한 장비가 굴절계다. 빛에 대한 물질의 굴절률을 이용하여 수용액의 농도를 측정하는 장비이다. 빛은 공기를 통과할 때 거의 30만km/h의 속도로 달릴 수가 있는데 공기가 아닌 다른 매질, 예를 들어 물속으로 들어갈 때는 속도가 느려진다. 즉, 한 매질에서 다른 매질로 이동할 때 이러한 속도 차이에 의해 방향을 바꾸게 된다.

굴절계는 굴절하는 정도를 결정하는 굴절지수를 사용해 빛의 방향이 변화하는 굴절각도를 비교하여 수용액의 농도를 측정한다. 이렇게 굴절계를 통해 구해진 수치는 브릭스(Brix)라는 단위를 갖는다. 이는 식품공학에서 많이 사용되는 단위인데 오스트리아아인인 브릭스라는 사람이 비중으로부터 직접 설탕물 농도를 알 수 있는 비중계를 만들어 쓰게 된 것에서 유래된 단위이다.

브릭스는 당의 농도를 표시하는 단위로 일반적으로 식품에서 과즙의 농도를 나타낼 때 사용한다. 브릭스의 눈금은 100mL의 물속에 담겨 있는 사탕수수의 그램 수를 포함한 것을 의미하며 일반적으로 당도의 눈금이라고도 한다. 그러므로 눈금 값은 실제 설탕 농도와 동일한 측정값을 의미한다. 굴절률현상을 이용하여 만든 당도계는 과실의 당도 측정이나 음료수 가공 등 실생활에서 매우 유용하게 사용되고 있다. 당도계 역시 매우 기초적인 물리 법칙을 이용하여 개발되었다. 이는 물리적인 원리와 새로운 아이디어를 응용한 대표적인 사례이다.

광케이블은 전반사를 이용한 기술이다

정보통신 분야의 획기적인 발전에 기여하고 있는 광케이블은 전반사

를 이용한 기술이다. 빛이 공기에서 물이나 유리르 들어가면 표면에서 일부는 반사되고 일부는 굴절돼 들어간다. 반대로 빛기 물이나 유리에서 공기로 나올 때도 공기와 닿는 곳에서 일브는 반사되고 일부는 굴절하여 공기 중으로 나오게 된다.

하지만 물이나 유리에서 공기로 나올 때 어떤 각드 이상으로 기울어져 있으면 공기 중으로 나오는 빛 없이 모두 반사되어 다시 물이나 유리로 들어가게 된다. 즉, 빛이 다른 매질로 이동할 때 일정 각도가 성립되면 전반사가 이루어진다.

광섬유는 굴절률이 다른 두 개의 층으로 이루어져 있다. 광섬유 중간의 핵심 부분인 코어와 주위 부분인 클래드로 구성된다. 최근에는 대부분 비교적 저렴하고 대용량 통신이 가능한 유리섬유를 사용하고 있다. 고분자 광섬유는 손실문제 때문에 장거리 전송에 어려움이 있어서 단거리 통신용이나 조명용으로 사용된다. 하지만 고분자 광섬유의 손실문제가 해결된다면 접속이 어려운 유리섬유보다 훨씬 높은 효율을 보일 수 있을 것이다. 그리고 유리섬유에 비해 더 좋은 유연성을 갖는 특성을 이용해 굴곡이 많은 통신에 사용될 것이다.

광섬유는 물리적으로 빛의 굴절과 반사를 이용한 것이다. 이러한 발상 역시 물리적 원리의 이해를 통해 적용된 사례라고 볼 수 있다. 전반사나 굴절은 물리를 조금이라도 공부한 사람이면 누구나 알고 있는 지식이다.

하지만 이것을 응용해 광섬유로 사용하는 아이디어는 아무나 갖고 있지 않다. 그렇기 때문에 얼마나 알고 있느냐보다는 알고 있는 것을 어떻게 응용할 것인지를 연구하는 것이 더 중요하다.

굴절이라는 현상을 이해하고 안경을 쓰자

안경을 쓰는 사람이 늘고 있다. 안경을 쓸 때 빛의 굴절현상을 안다면 눈이 더 나빠지는 것을 막을 수 있다. 굴절현상의 실용적인 예가 바로 안경렌즈다. 유리렌즈는 입사하는 광선을 굴절하여 한 점에 모이도록 한다. 햇빛을 한곳에 접속시켜 불을 켜는 렌즈를 집속렌즈라 한다. 이 렌즈는 가운데가 두껍게 되어있어 볼록렌즈라고도 부른다. 반대로 가운데 부분이 얇은 렌즈를 오목렌즈라 한다. 들어오는 빛을 발산하는 렌즈다.

초기의 카메라는 렌즈 대신 작은 바늘구멍을 통해서 빛을 받아들였다. 작은 바늘구멍을 통해 들어오는 빛의 양이 매우 적기 때문에 사진을 찍기 위해서는 오랫동안 구멍을 열어두어야 했다. 바늘구멍을 크게 하면 빛은 더 많이 들어오지만 상은 그만큼 선명하지 않게 된다. 또한 구멍이 더 커지면 서로 다른 빛들이 많이 겹치게 되어 형성된 상을

제대로 분간할 수 없게 된다.

집속렌즈가 쓰이게 된 것은 이러한 이유 때문이다. 렌즈는 빛을 서로 겹치지 않고 효율적으로 스크린에 모아주거나 한 점으로 모아준다. 카메라의 렌즈가 이러한 기능을 수행한다.

하지만 어떤 렌즈도 완벽한 상을 형성해 주지는 못한다. 상에 결함이 생기는 것을 수차라고 하는데, 상을 맺을 때 한 점에서 나온 빛이 광학계를 통한 다음 한 점에 모이지 않아 영상에 빛깔이 있어 보이거나 일그러지는 현상이 나타나는 것을 말한다. 렌즈를 특정한 방식으로 조합하면 이러한 수차를 줄일 수 있다. 이런 이유 때문에 대부분의 사진기는 여러 렌즈를 조합하여 사용한다.

구면 수차는 렌즈의 끝부분을 통과하는 빛이 중심 부분을 통과하는 빛에 비해 약간 어긋난 위치에서 집속될 때 발생한다. 이 문제는 사진기에서 조리개를 사용하는 것처럼 렌즈의 끝부분을 가림으로써 해결할 수 있다. 좋은 광학기기는 렌즈를 적절히 조합해서 구면 수차를 바로잡는다.

색 수차는 빛이 저마다 진행속도가 달라서 굴절되는 각도가 다르기 때문에 생기는 것이다. 간단한 렌즈에서는 빨간빛과 파란빛이 같은 곳에 집속되지 않는다. 따라서 색 수차를 교정하기 의해서는 다른 종류의 유리로 된 렌즈를 조합하여 렌즈를 만들면 된다.

세상에서 가장 좋은 렌즈는 바로 우리의 눈이다. 우리의 눈동자는 동공의 크기를 조절하여 눈에 들어오는 빛의 양을 균일하게 만든다. 눈동자의 크기가 가장 작을 때 가장 또렷한 상을 보게 된다. 빛이 눈의 중심부로만 관통하게 되어 구면 수차와 색 수차가 최소화되기 때문이다. 빛이 들어올 때 우리 눈은 깨끗한 상을 형성하기 위해 마치 핀홀 카메라처럼 작동하여 집속의 양을 그만큼 적게 하는 것이다. 직선 빛에 의해 형성된 상은 모든 곳에서 초점이 맞게 보인다. 밝은 곳에서는 눈동자가 더 작아지므로 더 잘 볼 수 있다.

난시안경을 쓰는 사람들이 많다. 난시는 안구 표면에서 굴절한 빛이 눈 안에서 초점을 한 점에 모을 수 없는 굴절이상을 말한다. 각막 정면에서 볼 때 검은자위의 곡률이 일정치 않기 때문에 일어난다. 각막의 곡률이 일정하지 않아 대상물의 상이 이중 삼중으로 보이고, 찌그러지고 어른어른하게 보이는 것이다. 안구와 각막이 완전한 구형이 아니라 비대칭으로 찌그러져 있기 때문이다. 이런 결함으로 눈은 정확한 상을 형성하지 못한다. 이것을 교정하기 위해 한쪽 곡률이 더 큰 원통형 렌즈를 사용한다.

자신의 눈의 상태를 파악하고
렌즈를 선택하는 것은 중요하다. 안경을 자주 닦고 오래 쓰면
안경의 렌즈가 닳는다. 그러면 안경렌즈의 수차가 발생한다.
특히 플라스틱 안경의 경우 안경을 오래 쓰면
렌즈에 손상이 오기 쉽다. 정확한 상을 보기 위해서는
안경렌즈를 주기적으로 바꾸어 주는 것도 한 방법이다.

빛의 굴절과 무지개

무지개를 보며 낭만적인 생각을 갖는 것은 행복한 일이다. 특히 쌍무지개를 보는 것은 그러한 생각을 더 갖게 만든다. 하지만 왜 도시에서는 무지개를 보기 힘들고 한적한 시골에서는 자주 보게 되는 것일까?

무지개는 비가 온 뒤에 생긴다. 햇빛이 대기 중에 떠있는 물방울을 통과하면서 물방울이 프리즘 역할을 하는 것이다. 더러운 개연을 포함한 물방울은 당연히 투명한 프리즘 역할을 하지 못한다. 그래서 도시에서 무지개를 보기 힘들다.

무지개의 아름다운 빛깔들은 프리즘과 같은 역할을 하는 수천 개의 작은 원형의 물방울에 의해 생긴다. 이 원리는 빛의 굴절과 간섭현상으로 생기는 것이다. 물방울을 통과한 햇빛은 물방울 속으로 굴절된다. 처음 굴절될 때 보라색이 가장 많이 꺾인다. 가장 작게 꺾이는 빛은 빨간색이다. 이처럼 굴절된 빛은 물방울 안에서 다시 스펙트럼처럼 분산된다. 그리고 물방울 안에서 반대편 표면에 닿은 빛은 부분적으로 다시 굴절되고 반사된다.

두 번째 굴절은 첫 번째 표면에서 이미 형성된 분산을 증폭하는 프리즘의 작용과 같다. 실제로 두 번의 굴절과 한 번의 반사는 들어오는 광선과 나가는 광선 사이의 각도가 약 40~42도 사이의 빛의 세기에 집중되어 있다. 그래서 빨간빛을 보려면 이 물방울보다 높은 곳을 바라봐야 한다. 빨간빛은 태양빛과 분산된 빛이 40도를 이룰 때 보인다. 확인해 보길 바란다.

그렇다면 무지개는 왜 반원형일까? 빗방울에 의해 분산된 빛이 반원형이기 때문이다. 우리가 보는 무지개는 그림에 옮겨놓은 것처럼 단순한 2차원적인 형상이 아니다. 하늘이 2차원적인 원판이 아닌 이치와 같다. 하늘은 무한한 3차원의 세계이다. 무지개도 마찬가지다. 2차원처럼 보이는 것뿐이다.

하늘을 수놓는 불꽃놀이를 한번 상상해 보자. 하늘 높은 곳에서 터지는 불꽃은 원반모양으로 보인다. 하지만 불꽃은 3차원의 공간에 퍼져 있다. 우리의 눈이 단순히 원근감을 느끼지 못할 뿐이다.

무지개는 하늘을 등지고 바라보는 사람을 중심으로 펼쳐진 원뿔형이다. 원뿔의 꼭짓점에서 원뿔을 바라보면 원뿔은 원형으로 보인다. 무지개도 이와 같다. 무지개가 만드는 빛은 우리에게 분산시켜 주는 물방울들이 모두 원뿔형 안에 있는 것이다. 이 원뿔형에서 발산된 빛을 분산하는 물방울은 빨간색이 바깥쪽 그리고 보라색이 가장 안쪽에 있다. 그래서 빨강, 주황, 노랑, 초록, 파랑, 남색, 보라색이다. 물방울을 형성하는 지역이 넓으면 넓을수록 무지개는 넓은 면적을 포함한다. 물론 공기가 맑고 오염이 안 된 곳에서 더 선명하게 나타날 것이다.

그렇다면 사람들은 모두 같은 모양의 무지개를 보는 것일까? 저마다 다른 각도에서 바라보기 때문에 다른 무지개를 보게 된다. 같은 무지개를 보여주고 싶다면 자신이 있는 자리를 비켜줘 같은 자리에서 바라보게 해야 한다.

무지개를 감상하고 발걸음을 옮길 때 무지개가 나를 따라온다는 느낌을 가진 적이 있을 것이다. 그것은 우리가 언제나 무지개의 정면만을 바라보기 때문이다. 우리는 무지개를 옆면이나 뒷면에서 볼 수 없고 정면에서만 볼 수 있다. 그리고 무지개의 끝에 가면 무지개는 사라진다. 무지개의 저편엔 무지개가 보이지 않는 세상이 펼쳐진다.

때때로 쌍무지개를 본 사람도 있다. 자세히 보면 두 무지개의 빛의 배열이 다르다는 것을 알 수 있다. 무지개 주위에 더 크고 색의 배열이 뒤바뀐 다른 무지개가 존재하는 것이다. 빗방울 속어서 빛이 두 번 반사되기 때문에 생기는 현상이다. 두 번 반사되기 때문에 무지개는 당연히 빛깔이 약하고 빛의 순서가 바뀐다.

소리는 골목길을 돌아갈 수 있다

조용한 물웅덩이에 돌을 던지면 물의 표면으로 물살이 일면서 퍼져나간다. 물리학에서는 이를 '물의 표면에 파동이 생겨 진행한다'고 말한다.

골목길에서 앞에 도망가는 도둑을 보고 "도둑이야!" 하고 소리를 지르면 도둑은 재빨리 골목길을 돌아 다른 방향의 골목으로 도망을 간다. 하지만 도둑은 꺾어진 골목에서 쩌렁쩌렁하게 울리는 "도둑이야!"라는 소리를 듣게 된다. 어떻게 소리가 골목을 돌아 도둑을 쫓아갈 수 있는 것일까?

징검다리가 있는 호수에 돌을 던지면 물살이 퍼져나간다. 돌이 떨어진 지점에서 파동이 퍼져나가고 돌진하는 파동은 불규칙하게 놓인 징검다리를 만난다. 이때 넓은 돌다리는 물살의 파고가 그냥 지나가지만 돌다리의 간격이 좁은 돌다리는 돌다리 근처 가장자리에서 물살의 파동이 구부러지고 꺾여서 진행된다. 좁은 돌다리를 통과하는 물살이 더 많이 퍼져서 진행하는 것을 볼 수 있다. 또한 좁은 간격의 돌다리에서는 돌을 떨어뜨렸을 때의 물살이 생기는 것과 같은 모양임을 알 수 있다. 이러한 현상을 회절이라 한다.

우리가 소리를 지르면 그 소리는 음파의 형태로 진행된다. 음파 역시 파동이다. 음파는 골목에서 회절을 하여 옆으로 난 골목으로 소리가 전달되는 것이다. 그렇다면 골목의 넓이와 소리를 지르는 파장과의 관계와 징검다리의 간격과 물살의 파장과의 관계는 없는 것일까?

있다! 자동차에서 라디오를 들었을 때 AM방송과 FM방송의 음질 차이를 가끔 느낄 수 있을 것이다. AM방송의 파장은 180~6,000m의 긴 파장이다. 이렇게 긴 파장은 건물의 주위에서 쉽게 회절이 된다. 왜냐하

면 들어오는 파장에 비해 골목의 간격이 좁기 때문이다. 하지만 FM방송의 경우 파장이 2.7~3.7m의 파장으로 짧다. 주변의 건물이나 방해하는 물체에서 휘지 않고 그냥 통과해 버린다. 따라서 전파가 도달할 수 없는 곳에서는 방송이 잘 들리지 않게 된다. 하지간 AM방송은 어떠한 장소에서도 잘 들린다.

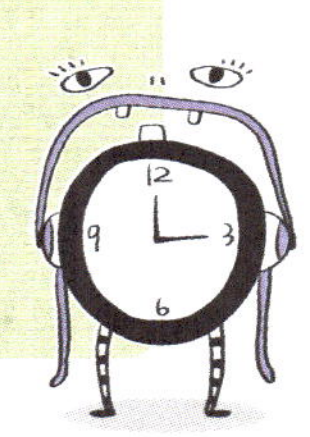

군대에서 아침 기상나팔 소리로
음이 낮은 저주파의 나팔을 사용하는 이유가 여기에 있다.
긴 파장의 저주파의 나팔 소리는 넓은 영역에 고르게 퍼지기
때문에 곳곳에 있는 모든 군인들을 기상시킬 수 있는 것이다.

빛은 서로 만나 간섭하면서 커지거나 작아진다

빛은 서로 만나면 자신의 위상에 따라 서로를 간섭한다. 같은 상태라면 2배의 크기를 만들고 다른 경우에는 서로를 상쇄해 버려 제로상태를 만든다. 물리학 용어로 두 상태를 보강간섭과 소멸간섭이라 한다. 만약 서로 다른 위상의 차가 정반대가 아니라면 위상에 맞게 서로 보강하기도 하고 위상 차에 따라 부분적으로 소멸하기도 한다. 이러한 현상은 영국의 물리학자 토마스 영이 발견하였다. 토마스 영은 웅덩이에 돌을 2개 던진 후 2개의 돌에서 발생하는 물살의 파장이 서로 간섭한다는 것을 알았다. 그는 매우 똑똑한 사람이었다. 이집트 상형문자를 세계에서 처음으로 해독했을 뿐만 아니라 2세 따 이미 책을 줄줄

읽었으며 14세 때는 8개 국어에 능통한 천재였다. 웅덩이 속에 전달되는 물살을 바라보는 범상치 않은 그의 눈매가 상상이 된다. 그는 어른이 된 후 유체, 일, 에너지, 탄성에 관한 물리학 연구를 수행해 수많은 결과를 냈다.

비눗방울이나 젖은 길 위에 떨어진 기름자국에 햇빛이 반사되면 여러 빛깔의 스펙트럼이 나타난다. 이러한 빛은 빛의 간섭으로 만들어진 것이다. 엷은 막의 윗면과 아랫면에서 빛이 반사될 때 서로 간섭을 하면서 간섭무늬를 만든다. 막의 두께에 따라 반사하는 두 빛이 이동하는 거리의 차인 경로 차에 의해 위상이 변화하게 되고, 이 위상 차가 서로 간섭하면서 얼룩덜룩한 무늬를 만들게 된다. 비눗방울에서도 이런 얼룩덜룩한 간섭무늬를 쉽게 볼 수 있다.

홀로그램은 간섭현상이 만든 발명품

홀로그램은 2차원의 사진건판이다. 즉, 2차원의 사진인 셈이다. 하지만 이 2차원의 사진건판에 레이저로 빛을 쪼여주면 3차원 영상을 확대해 볼 수 있다. 이 장치를 처음 발명한 사람은 헝가리의 물리학자 데니스 가보르다. 그는 이러한 공로를 인정받아 1971년 노벨 물리학상

교수님과 함께 떠나는
물리학 여행

을 받았다. 노벨상은 이처럼 불가능한 현상을 찾아내고 발견하는 사람에게 주어진다.

홀로(Holo)라는 의미는 그리스어로 전체를 뜻하고 그램(Gram)은 정보 또는 메시지를 의미한다. 홀로그램은 3차원의 완전한 정보를 가지고 있기 때문에 레이저 빛을 비추어 보면 모든 방향의 견을 볼 수 있게 된다. 보통의 사진은 사진건판에 물체의 상을 만들기 위하여 렌즈를 사용한다. 물체의 모든 면에서 반사된 빛은 렌즈를 통해 필름의 각 점에 상을 만든다. 그러나 홀로그램에서는 상을 만드는 렌즈가 사용되지 않는다. 물체의 모든 점에서 반사된 빛이 사진건판 전면에 걸쳐서 상을 만든다. 이때 중요한 것은 홀로그램을 만들기 의해서는 단일파장의 빛을 사용해야 한다는 것이다. 왜냐하면 모든 부분의 위상이 같아야 하기 때문이다. 만약 백색광을 사용한다면 어떤 파장의 회절무늬는 다른 파장의 회절무늬에 의해서 없어지기도 한다. 즉, 순수한 단일파장을 갖는 레이저만 홀로그램을 만들 수 있다.

보통의 사진은 형체의 상을 기록하지만 홀로그램은 2개의 파면이 만든 간섭무늬를 기록한다. 홀로그램의 사진건판 중 1개의 파면은 물체에서 반사된 것이고 또 다른 파면은 거울을 통해서 반사된 빛을 기록한 것이다. 따라서 인화된 홀로그램 사진건판에는 어떤 이미지도 볼 수 없다.

홀로그램은 밝고 어두운 부분과 구불구불한 선으토 되어 있다. 어두운 부분은 두 파면의 위상이 반대인 경우다. 반대로 밝은 부분은 물체의 모양에 따라 위상이 서로 다른 부분이다. 사진 필름과 달리 홀로그램 필름은 간섭무늬를 기록한 사진이라고 생각하면 된다. 따라서 홀로그램 필름을 간섭성 광원 앞에 놓으면 빛은 작은 간섭무늬에 의해서 회절이 이루어져 원래의 물체에서 반사된 빛과 같은 파면을 3차원적으로 만들게 된다.

홀로그램 사진건판을 통해 보게 되는 3차원의 이미지는 마치 창문을 통해서 보는 것처럼 손으로 이미지를 잡을 수 있을 것만 같다.

한 가지 이상하고 재미있는 점은 홀로그램 사진건판을 반으로 잘라도 상의 전체적인 이미지를 볼 수 있다는 것이다. 홀로그램 사진건판을 계속해서 반으로 잘라도 전체의 상이 보인다. 이유는 무엇일까? 홀로그램 사진건판의 모든 부분이 물체의 모든 정보를 기록해 두기 때문이다. 또한 홀로그램은 3차원적으로 확대가 가능하다. 짧은 파장을 이용해 홀로그램 사진건판을 만들고 긴 파장을 가진 레이저를 이용해 빛을 쪼인다면 이때 생기는 홀로그램 3차원 이미지는 크게 확대되어 보이게 된다. 따라서 홀로그램을 X선과 같은 매우 짧은 파장을 이용해 만들고 X선보다 파장이 긴 가시광선을 통해서 홀로그램을 본다면 이때 나타나는 3차원 홀로그램 이미지는 파장의 비율대로 몇천 배의 배율로 확

대될 것이다.

최근 홀로그램을 응용한 필름이 제작되어 지폐나 가짜 물품을 구분하는 표시로 사용되기도 한다. 홀로그램을 통해 색깔과 각도에 따른 이미지를 변화시켜 상품의 진위 판별이 가능하도록 만들어지고 있다.

물리를 잘하는 비법 5

R&B, 랩, 재즈, 뽕짝을 다 잘할 수는 없다.
물리도 마찬가지다. 물리분야에서 역학, 열역학, 전기, 원자핵,
양자역학 중 자신이 잘할 수 있는 분야 하나만 공략하자.

cartoon essay

교수님과 함께 떠나는
물리학 여행

상대성은 간단하다. 서로 상대적인 운동을 하는 사건을 정의하는 것이다. 하지만 '아인슈타인의 상대성이론'이라고 하면 어렵게만 느껴지고 머리가 멍해진다. 자, 어려워하지 말자. 일단 이해해 보려고 노력하고 그래도 안 되면 간단히 포기하자. 무책임한 말로 들릴지도 모르겠지만 상대성이론을 몰라도 생활에 지장은 없다.

상대성이론은 어떤 일과 사건에 대한 시간과 공간의 이해를 목적으로 하고 있다. 그리고 그러한 사건과 일을 측정하는 문제에 있다. 어떻게 측정 없이 물리적인 사건을 이해하겠는가? 만일 사건과 일이 발생했다면 특정한 시공간 내에서 언제 어디서 사건이 발생했는지를 우리는 파악하려 할 것이다.

움직이는 시간과 공간상에서 두 사건이 발생했다면 어떻게 물리적으로 기술해야 할까? 이러한 문제를 푸는 것이 바로 상대론이다. 아인슈타인의 상대론은 두 가지다. 일반상대성이론과 특수상대성이론이 그

것인데, 일반상대성이론은 일반적으로 일어날 수 있는 상대론적인 기술이고, 특수상대성이론은 특별한 조건이 주어진 경우의 상대성이론을 말한다.

일반상대성이론은 수학적으로는 복잡하지만 기준 틀이 가속화되는 보다 일반적인 내용들을 다루고 있다. 따라서 일반 상대성에 대한 것은 상식에 속한다. 반면 특수상대성이론은 움직이는 공간과 틀이 가속화되지 않고 등속도로 운동하는 상태에서의 상대론적인 현상을 말한다. 아인슈타인은 특수상대성이론을 통해 두 가지 가설을 발표했다. 그리고 기존의 상식이 잘못되었다는 것을 밝혀냈다. 그때까지의 상식은 매우 천천히 움직이는 물체에서만 정의할 수 있었을 뿐이다. 모든 가능한 속력에 의해 만들어진 아인슈타인의 상대론은 그 누구도 경험해 보지 못한 놀라운 효과들을 예측할 수 있게 했다.

공간과 시간이 얽힌 곳에서 두 사건 사이의 시간은 두 사건이 얼마나 멀리 떨어져 있는지에 따라 정해진다. 두 사건 사이의 공간적 간격도 그들 사이의 시간 간격이 얼마나 떨어져 있는지에 따라 정해진다. 하나의 사건이 서로 상대적으로 움직이는 관측자에 따라 결과가 다르게 나타난다는 것을 의미한다.

즉, 시간은 기계적으로 움직이는 절대적인 시계의 시간이 아니라 상대운동에 따라 시간이 정의되는 것이며, 시간이 흘러가는 속도를 변화시킬 수도 있다는 것을 의미한다. 1905년 이전에는 어느 누구도 상상하지 못했던 일이다. 오늘날에는 당연히 받아들여질 수 있는 이론

이지만 그 당시는 혁명적이었다.

아인슈타인의 천재성은 논문 발표로 하루아침에 증명되었다. 1905년 아인슈타인은 세 편의 논문을 발표했다. 그것도 띄엄띄엄 이루어진 것이 아니라 3월, 5월, 6월에 연달아 발표되었다. 첫 번째 논문은 〈광의 발생

과 전환에 관한 하나의 새로운 관점〉으로 광량자의 발견과 그 예로서의 광전효과를 설명한 이론이다. 두 번째 논문인 〈정지된 액체 속에 떠있는 입자의 열의 분자운동적 입장으로부터 보는 운동에 관하여〉는 브라운운동 이론을 다룬 것으로 실제로 원자가 존재한다는 것을 밝히고 있다. 또한 물리학에서 중요한 볼츠만상수를 새로운 방법으로 결정한 논문이었다. 세 번째 논문은 〈운동하는 물체의 전기역학에 관하여〉라는 내용으로 특수상대성이론을 다루고 있다. 이 논문에 유명한 공식인 'E=mc²'가 들어있다. 이 공식은 물리적 의미를 모르더라도 많이 접해봤을 것이다. 그의 세 번째 논문은 우리의 공간과 우주의 시간 개념에 대해서 혁명적인 사고 변화를 가져오게 했다. 수세기 동안 많은 철학자들이 이 문제를 다루었지만 아인슈타인만큼 심오하고 자유롭고 명백한 결과에 도달한 사람은 없었다. 그는 분명 그 시대의 천재이다.

특수상대성이론에 대해 좀 더 자세히 알아보자. 특수상대성이론을 설

명하기 위해서는 먼저 2개의 기본적인 정의가 필요하다. 첫째는 광속도의 불변의 법칙이다. 아인슈타인의 시대에는 빛의 속도에 대해 정확히 측정한 사람이 없었다. 그 당시 뉴턴은 빛을 '매우 빨리 움직이는 입자로 구성되었다' 고 정의하였으며, 그 후 호이겐스는 '빛은 매우 미묘한 매질인 에테르 속을 전파하는 파동' 이라 이야기하였다. 지금 생각하면 말도 안 되는 이야기다.

빛의 속도를 정확히 측정한 시기는 공교롭게도 아인슈타인이 논문을 발표한 1905년이었다. 그해 미국의 물리학자 호이겐스에 의해서 광속도가 정확히 측정되었다. 하지만 아인슈타인은 이 사실도 모른 채 광속도는 불변해야 하며 광원의 운동과 전혀 관계가 없다는 가정을 내렸다. 아인슈타인 이전의 물리학자들이 어렵게 생각한 문제를 한 순간에 해결한 것이다.

두 번째 가정으로 그는 상대성 가정을 만들었다. 하나의 좌표계와 그것에 대해 크기나 방향이 일정한 속도로 움직이고 있는 또 하나의 좌표계를 구별해 내는 것은 불가능하다는 것이다. 이와 같은 좌표계를 관성계라고 한다.

아인슈타인의 시간과 공간에 대한 생각

2개의 이동하는 물체 내에서 시간과 공간이 어떻게 감지 되고 변환될 수 있을까? 2개의 이동하는 물체 내에서 시간은 같이 흘러가는 것일까? 아인슈타인은 시간과 공간의 개념에 대해 근본을 밝히고자 했다. 그리고 시간과 공간의 개념에 따라 크기를 어떻게 측정하느냐에 대한 방법을 엄밀히 정의하고 싶어했다.

그는 동시에 일어난 일이라는 것이 상대적으로 운동하고 있는 공간에서 어떤 결과를 가져오는지에 대한 의문을 품었다. 아인슈타인이 얻은 결론은 '동시'라는 개념이 곧 상대적이라는 것이었다. 서로 다른 장소에서 일어난 두 사건이 한 관측자에게는 '동시'로 보여지지만 이것에 대해 상대적으로 운동하고 있는 다른 관측자에게는 동시로 보이지 않는다는 것이다. 이러한 사실을 밑받침해 주는 것으로 아인슈타인의 쌍둥이 패러독스라는 것이 있다.

쌍둥이 중 한 명이 한 공간에 남아있고 다른 한 명은 다른 곳에서 등속직선운동을 진행했다가 돌아온다. 되돌아와서 공간에 남아있던 쌍둥이를 만나보니 자기보다 더 늙어 있었다. 믿을지 믿지 않을지 모르지만 이것은 사실이다. 이 실험을 붕괴하는 2개의 입자를 사용하여 해보았다. 실험 결과 상대론적으로 예측한 결과와 같다는 것이 증명되었다. 시간과 공간을 측정하는 정확한 방법을 발견한 것이다. 어려운 이야기지만 수학적으로 기존의 갈릴레이 변환이 아니라 로런츠 변환에 의한 것임을 밝혀냈다.

그리고 광속을 포함한 모든 속력에서 정확한 변환식을 상대론적인 가설로부터 유도할 수 있었다. 즉, 동시성은 관측자의 운동에 따라 달라지는 것으로 절대적인 개념이 아니라 상대적 개념이라는 것이다.

하지만 이러한 상대론적인 이야기는 우리 주위에서 쉽게 실현되기는 힘들다. 우리의 실생활에서는 모든 상황이 빛의 속력보다 훨씬 작은 속도로 움직이기 때문에 전혀 감지할 수 없다. 즉, 모든 공간에서는 동시성에서 어긋나는 정도가 감지될 수 없을 정도로 아주 작다. 따라서 일상생활에서 아인슈타인의 쌍둥이 패러독스를 경험하는 것은 불가능하다. 쌍둥이 패러독스는 아주 특별한 경우이기 때문이다. 한 명이 빛의 속도로 100년 동안 등속직선운동을 하고 돌아왔을 때 구분될 수 있을 정도라니 말이다.

어떻게 빛의 속도로 우리가 움직일 수 있겠는가? 그래서 특수한 상황에서 벌어질 수 있는 일이라 해서 '특수' 상대성이론이라고 이름 지은 것이다.

이러한 일이 실제로 우리 주변에서 일어나지는 않으니 절대 걱정하지 말 것! 하지만 철학적인 문제는 충분히 고려해 볼 만한 가능성이 있다는 것을 잊지 말자.

교수님과 함께 떠나는
물리학 여행

로런츠 변환과 갈릴레이 변환

로런츠 변환은 특수상대성이론의 기초가 되는
4차원의 좌표변환식으로 모든 물리 법칙은 좌표가 변환될 때
이 변환식을 만족해야한다. 이보다 전에 나온
갈릴레이 변환은 로런츠 변환식에서 물체의 속도가
광속도에 비해 매우 느릴 경우에 대한 특수한 식이다.

보어와 양자역학의 출현

원자는 물질을 이루는 기본 단위이다. 또한 원자는 빛을 내는 물질이 기도 하다. 원자는 중앙의 핵과 핵 주위를 복잡하게 둘러싸고 있는 전자로 이루어져 있는데, 이러한 원자구조를 공부하는 분야를 원자물리학이라 한다.

아인슈타인이 광전효과를 발표한 후, 6년 뒤에 영국의 물리학자 러더퍼드가 실험을 통해 최초로 원자핵을 발견하였다. 그는 원자핵은 거의 비어있고 원자의 질량이 한곳에 모여 있다는 것을 보여주었다. 1913년 새로운 핵의 시대가 열린 것이다.

그리고 닐스 보어는 원자의 단순한 행성모델을 원자의 에너지 차이를 이용하여 만들었다. 현재는 나노과학이 발달해 원자를 직접 볼 수도 있고, 만질 수도 있으며 직접 제어할 수 있지만, 그 당시는 원자의 세계를 상상으로만 추측할 수 있었다. 그러한 상상은 우리가 지금 우주를 탐험하는 것과 마찬가지로 당시에는 최첨단의 과학이었다.

단순한 원자의 행성모델은 그 시대에서 핵을 이해하는 데 아주 핵심적이고 중요한 돌파구였다. 왜냐하면 그 당시 원자로부터 방출되는 광자의 진동수가 전자가 진동하고 있는 고전적인 진동수가 아니라 원자에서의 에너지 차이에 의해 결정된다는 것을 관측했기 때문이다. 원자로부터 방출되는 에너지의 근원을 알 수 없었기 때문에 이런 사실을 알아낸다는 것은 중요했다.

보어는 원자 내부에서 원자의 중심에 있는 원자핵으로부터 전자들이 존재할 때 일정한 상태를 점유하며 높은 에너지 상태에서 낮은 에너지 상태로 떨어질 때 양자점프를 할 수 있다고 생각하였다. 그리고 양자점프가 일어날 때 빛이 방출된다고 생각했다. 더 나아가 방출되는 빛의 진동수가 두 에너지 상태의 차이에 의해 결정된다는 것을 알았다. 여기서 에너지는 전자가 다른 궤도에서 다음 단계로 전이될 때 각 궤도의 에너지를 말한다.

하지만 보어의 원자모델에 대한 행성모형은 심각한 문제를 가지고 있었다. 맥스웰의 이론에 따르면 가속된 전자는 전자기파를 방출한다. 따라서 핵 주위를 도는 가속화된 전자는 계속적으로 에너지를 방출하게 되므로 언젠가는 전자의 궤도 속력이 줄어들면서 최종적으로 나선형 모양으로 핵 속에 빨려 들어가게 된다. 하지만 보어는 이것은 고전적인 모델이라고 생각했다. 그리고 보어는 고전적인 물리학의 법칙을

부정했다. 이러한 점이 보어의 천재성에 해당된다.

그는 창조적인 생각을 통해 해석하고자 했다. 즉, 핵 주위를 도는 전자는 빛을 내지 않으며, 빛을 내는 경우는 전자가 높은 에너지 준위에서 낮은 에너지 준위로 전이할 때만 가능하다는 것이었다. 빛의 양자화는 전자의 에너지 준위의 양자화에 해당된다. 여기서 양자화는 연속적인 변화가 아니라 불연속적인 에너지 상태를 말한다.

보어의 관점은 당시에는 매우 급진적인 것이었지만 원자 스펙트럼의 규칙성을 설명하는 데는 매우 창조적이었고 적격이었다. 이러한 보어의 급진적인 사고는 새로운 양자역학을 기본으로 하는 물리학의 세계를 열었다.

뉴턴역학에서 양자역학으로

1920년대에는 물리학에 많은 변화가 있었다. 물리학에 있어서 혁명적인 시대가 도래한 것이다.

빛이 입자의 성질과 동시에 파동의 성질을 가진다는 사실이 밝혀졌고, 드브로이의 물질파로부터 출발하여 오스트리아의 천재 물리학자 슈뢰딩거는 물질파가 외부의 영향에 의해서 변화되는 과정을 수식화한 방정식으로 만들었다.

드브로이는 프랑스의 물리학자로 양자론에 대해 연구하고 전자의 파동적 특성을 발견했다. 드브로이가 물리학 발전에 기여한 바는 크다. 그의 집안은 17세기부터 고위급 군인, 정치가, 외교관이 배출된 명문가였다. 그의 형 모리스와 함께 과학을 직업으로 선택한 것은 집안의 전통을 깨뜨리는 것이었다. 하지만 두 형제는 물리학에 천재적인 재주를 타고났다. 그의 형 모리스 역시 원자핵의 실험적 연구에 주요한 공헌을 했다. 드브로이는 때때로 형과 함께 실험을 하기도 했지만, 그를 매료시킨 것은 순전히 물리학의 철학적이고 개념적인 것이었다.

그는 실험가나 기술자보다는 보편적이고 철학적인 면을 탐구하는 이론가라고 자신을 생각했다. 그는 제1차 세계대전 중에 에펠탑의 무선국에서 군복무를 하면서 물리학의 기술적 측면을 접하게 되는데, 기술적인 지식이 그의 물리학적 상상력을 증대시키는 데 많은 도움을 주었다. 그는 소르본 대학에서 이론물리학을 공부하기 시작했다. 1924년 발표한 박사학위 논문에서 그는 당시 파격적이고 혁명적인 전자파동 이론을 전개했다. 원자로 구성된 물질이 파동의 성격을 가진다는 것을 밝힌 것이다.

이 생각은 이미 아인슈타인이 20년 전에 제안한 이론에 근거한 것이었다. 아인슈타인은 파장의 짧은 빛은 어떤 조건에서는 입자로 이루어진 것과 같은 효과를 낼 것이라고 제안했다. 이 생각은 1923년 콤프턴 실험

과 1925년 보테-가이거 실험을 통해 검증되었지만 빛의 이중성은 드 브로이가 물질에까지 개념을 확장시켜 적용했을 때어야 비로소 과학자들에게 받아들여지기 시작했다.

드브로이의 이론은 원자 내부에서 전자의 운동에 대한 계산을 통해 완전히 해결된 것이다. 물질파라는 그의 생각이 처음 발표되었을 때 다른 과학자들의 관심을 거의 끌지 못했다. 하지만 그의 박사학위 논문을 아인슈타인이 읽게 되었는데, 아인슈타인의 반응은 매우 열광적이었다. 아인슈타인은 드브로이의 업적의 중요성을 과학계에 강조했고 그의 논의를 보다 발전시켰다. 이 과정에서 오스트리아의 물리학자 슈뢰딩거가 이 개념을 기반으로 양자역학의 기본이 되는 파동역학이라는 수학적 체계를 만들었다. 드브로이의 물질파 이론이 양자역학 발전의 기초를 마련한 것이다. 그 후 전자의 파동적 성질에 대한 실험적 증거가 속속 발견되기 시작했다.

드브로이에 의해 새로운 물리학이 탄생되었다. 드브로이도 훌륭하지만 드브로이의 이론을 알아본 아인슈타인 또한 훌륭하다.

드브로이는 박사학위를 받은 후 소르본 대학에 남아 새로 설립된 푸앵카레 연구소의 이론물리학 교수가 되었고, 1929년 느벨 물리학상을 받았다.

슈뢰딩거는 물질파가 외부의 영향에 의해서 변화되는 과정을 수식화한 방정식을 만들어 냈다. 이것이 바로 유명한 슈뢰딩거 방정식이다. 양자역학의 기본 중의 기본이라 할 수 있다. 슈뢰딩거 파동방정식에서 파동이란 것은 비물질적인 물질파의 진폭인데 수학적으로는 파동함수라고 부른다. 슈뢰딩거 방정식에 나오는 파동함수는 어떤 계에서 어떤 일이 일어날 수 있는 확률을 나타낸다.

예를 들면 수소 원자에서 전자의 위치는 핵의 중심으로부터 무한대에 이르는 거리 사이에 존재한다. 전자의 가능한 위치를 계산할 때 파동함수를 한 번 더 곱한다. 이것을 확률밀도라고 한다. 이 함수는 주어진 시간에 단위 부피에서 나타나는 확률을 알려준다. 실험적으로 어떤 특수한 곳에서 전자가 발견될 확률은 0 아니면 1이 아니라, 다만 0과 1사이에 존재한다는 것이다.

예를 들면 어떤 반지름에서 전자가 발견될 확률이 0.4라면 그곳에서 전자를 찾을 확률이 40%라는 이야기다. 슈뢰딩거 방정식은 물리학자에게 원자에 있는 전자가 어느 순간에 어디에서 발견될 것인지를 알려주지 않고 단지 그곳에서 발견될 가능성만을 알려준다. 또는 많은 실험을 했을 경우 그 실험 중에 몇 번이나 그곳에서 전자를 발견할 것인지를 알려주는 것이다.

물리를 잘하는 비법 6

물리학을 공부하는 것을 자랑스럽게 생각하자.
어려운 물리학을 좋아하는 사람이 과연 몇이나 될까?
당신이 그곳에 있다는 것만으로 충분히 자랑스러운 일이다!

cartoon essay

원자력은 물리학의 과거이자 미래다

방사능의 우연한 발견으로 열린 원자력의 시대

원자핵에 대한 지식은 1986년 방사능의 우연한 발견과 함께 시작되며, 뢴트겐의 X선의 발견과 함께 핵물리학이 시작되었다. 실제적으로 방사능은 X선보다 두 달 앞서 발견되었다. 하지만 발견된 X선의 위력에 주춤할 수밖에 없었다. 뢴트겐은 X선의 전자빔이 금속 표면에 부딪칠 때 새로운 광이 나온다는 것을 발견했다. 그는 이 광선이 알려지지 않은 광선이라 해서 X선이라고 했다. 그는 전자빔이 금속과 부딪칠 때 X선을 만들고 X선은 고체를 통과한다는 것도 알아냈다. X선은 높은 진동수의 전자기파이며 또한 원자 내부궤도의 전자가 들뜸으로써 발생한다는 것도 알고 있었다.

하지만 퀴리 부부가 발견한 우라늄, 토륨, 악티늄은 빛의 방출이 원자의 들뜸에 의한 것이 아니라 순전히 원자 내부에서 일어나는 변화 때문에 나오는 빛이라는 것과 이 빛은 원자핵이 조금씩 자발적으로 쪼개어져 나가는 과정에서 생기는 방사능이라는 것을 알았다. X선과는 물리적으로 다른 형태의 빛을 발견한 것이다. 이 발견으로 인해 핵에 의한 새로운 시대가 열리게 되었다.

세상에 존재하는 원자 중 원자번호 82인 납보다 더 큰 원소가 방사성 원소이다. 참고로 수소 원자는 원자번호 1번이다. 원자의 무게가 증가할수록 원자번호가 증가한다. 납보다 무거운 방사성 원소는 3개의 특이한 방사선을 방출한다.

그리스의 알파벳의 순서대로 3개의 글자 이름을 따서 알파, 베타, 감마라고 부르는데, 알파선은 양의 전하 즉, 플러스 전하를 가진다. 베타선은 반대로 마이너스인 음의 전하를 가지며, 감마선은 아무런 전하를 가지지 않는다. 이 3개의 방사선은 이들이 지나가는 진행 행로에 자기장을 걸어주면 모두 분리가 가능하다.

연구 결과 알파선은 원자번호 2번 헬륨의 핵이고 베타선은 전자임이 알려졌다. 따라서 알파선을 알파 입자라 하고 베타선을 베타 입자라고 부른다. 감마선은 주로 방사성 물질에서 방출되므로 광사선으로 분류되며 투과력이 매우 크다. 하지만 알파 입자는 종이도 통과하지 못한다. 베타 입자는 종이는 투과하지만 알루미늄과 같은 금속은 투과하지 못한다. 그러나 감마선은 두꺼운 납판도 투과할 수 있다. 감마선은 X선과 마찬가지로 매우 높은 에너지를 가진다. 그리고 감마선의 파장은 X선의 파장보다 훨씬 짧다. 파장의 경계는 분명하지 않지만 약 0.01nm 이하로 알려져 있다.

감마선의 가장 큰 특징은 투과력이 X선보다 훨씬 강하다는 점이다. 이를 이용해 X선보다 큰 투과력이 필요한 경우에 감마선이 사용된다. 이러한 감마선의 강력함은 박테리아 제거 등 의료기기의 살균에 유용하게 쓰이고 있으며, 음식물, 특히 육류나 채소의 신선함을 유지하기 위해 박테리아나 벌레를 제거하는 데 사용되기도 한다. 또한 특별한 종류의 암을 치료하는 데 사용되기도 한다. 감마선을 이용해 암 세포를 죽이기 위해 종양에 직접 조사시키기도 하며, 핵의학에서 진단 목적으로도 사용된다.

감마선을 방출하는 데 여러 종류의 방사선 동위원소가 사용된다. 그중 하나가 테크네튬-99이다. 감마선 카메라를 이용하여 환자에게 투여했을 때 방출되는 감마선을 측정함으로써 방사선 동위원소의 분포를 영상화한다. 이러한 방식으로 뼈에 전이되는 암의 상태를 분석할 수 있다.

감마선을 이용한 응용으로 감마선 이미지 장치가 있다. 이 카메라는 컨테이너 탐지의 수단으로 사용되기도 한다. 이 장치는 한 시간에 30개 이상의 컨테이너를 조사할 수 있다고 한다. 또한 감마선은 천문학 분야에서도 사용되고 있다. 기구와 인공 위성 등을 통해 감마선 검출기를 대기 밖으로 올려 보내 감마선을 측정하는 것이다. 최초의 감마선 망원경은 1961년 익스플로러XI 위성에 실려 궤도에 올라가 100개

미만의 감마선 광자를 측정하였다. 그 후 1960년대 후반과 1970년대 초반에 군사 위성인 벨라 위성에 탑재된 검출기를 통해 지구가 아닌 우주에서의 감마선 폭발을 관측하기도 했다.

감마선을 사람의 생체 기관에 쪼이면 심각한 변형을 일으킨다. 이 사실은 많은 만화와 영화에서 다루어졌다. 『헐크』라는 영화가 있다. 80년대 인기 TV시리즈 『두 얼굴의 사나이』도 있다. 영화에서 한 과학자가 군부대에서 우연한 사고로 감마선을 맞고 헐크로 변하고 만다. 사건 은폐를 위하여 군인들이 끝까지 헐크를 추적하지만 결국에는 헐크가 나쁜 악당들을 물리친다는 비교적 단순한 이야기다.

스파이더맨의 경우도 돌연변이를 통제하기 위해 감마선을 사용하였다. 슈퍼소년 앤드류의 경우도 감마선을 통해 비행과 가속 능력을 지니게 됐다. 물론 이 경우는 모두 상상일 뿐이다. 과학적 사실과 상관없는 가공의 이야기다. 영화나 만화처럼 엄청난 감마선을 쐬면 초능력을 갖거나 돌연변이가 발생하기 전에 죽게 될 것이다.

가장 중요한 원자핵

원자핵은 원자의 핵으로 중심에 모여 있다. 가장 중요한 것은 중심에 있는 법이다. 그래서 '핵'이라고 한다. 핵의 질량은 전자의 2,000배다. 따라서 원자의 질량은 핵의 질량이라고 볼 수 있다. 원자번호 1번인 수소의 원자핵은 1개의 양성자로 되어 있다. 원자번호 2번 헬륨은 2개의 양성자로, 원자번호 3번 리튬은 3개의 양성자로 되어 있다. 양성자의 양전하 수와 전자의 음전하 수는 같은 양을 가진다. 중성자는 핵에 있는 양성자 수만큼 핵 주위에 존재한다. 원자핵은 양성자의 수에 의해 결정되고 이는 원자번호를 나타내는 근거가 된다. 즉, 양성자 수에 따라 원자번호가 정해진다.

하지만 핵에 존재하는 중성자의 수는 원소에 따라 다른 경우가 존재한다. 예를 들면 원자번호 17번인 염소 원자는 17개의 양성자와 17개의 전자를 가진다. 이들 양성자와 전자는 염소 원자의 화학적 성질을 결정한다. 그러나 중성자의 숫자는 변할 수 있다. 이 점이 중성자의 특징이다. 양성자의 수는 같지만 중성자의 수가 다른 원소를 동위원소라 한다. 두 종류의 염소 동위원소는 질량이 35 또는 37이 존재한다. 우라늄의 경우 3개의 동위원소가 존재한다. 가장 흔한 것은 우라늄 238이다.

대지와 대기 중에 있는 원소의 대부분은 몇 가지의 동위원소가 혼합된 것으로 그 혼합비는 대체로 일정하다. 예를 들어 천연 주석은 원자량이 112~124인 10종의 동위원소들이 혼합된 것이다. 하지만 조사된 주석은 모두 평균 118.69의 원자량을 보이고 있다. 즉, 천연에서 산출되는 주석은 동위원소의 혼합물로 원자량이 다른 10종의 주석원자들

이 일정한 혼합비로 섞여서 이루어졌다고
볼 수 있다.

주기율표에서 같은 위치를 차지한다는 것은
화학적 성질이 완전히 같기 때문에 방사능
과 같은 물리적 성질에 의하지 않고는 구별할
수 없다는 것을 뜻한다. 모든 원소의 화학적 성질은 원자핵 내에 있는
양성자의 수에 의해 결정된다. 한편 원자량은 양성자 수와 중성자 수
의 합이므로 동위원소란 양성자 수는 같고 중성자 수가 다른 원자핵
으로 이루어지는 원소들이다. 그리고 원자핵의 바깥 궤도를 돌고 있
는 전자의 수는 원자번호와 같으므로 동위원소는 모두 같은 수의 전
자를 가진다. 현재는 같은 원소로서 원자량 단위가 거의 정수에 가까
운 원자핵을 지닌 원자만을 동위원소라고 한다.

방사능과 방사선은 무엇인가?

원자핵은 양성자와 중성자가 결합되어 있고 그 주변에 전자가 돌고
있어서 전기적으로 안정되어 있는 상태이다. 하지만 중성자는 따로
떨어져 있게 되면 불안정해져 스스로 양성자 1개와 전자 1개로 변하
게 된다. 이러한 현상을 방사성 붕괴라고 한다.

방사성 붕괴를 하는 입자를 방사성 입자라고 하는데 방사성 붕괴는
중성자가 따로 떨어져 있을 때뿐만 아니라 원소의 원자핵에서 일어나
기도 한다. 원자핵 안에 들어있는 중성자가 양성자와 전자로 변하기

도 한다. 이러한 원소를 방사성 원소라고 한다.

하지만 모든 원소들이 방사성 붕괴를 하는 것은 아니다. 방사성 붕괴를 일으키는 방사성 원소는 원자의 핵이 안정적이지 못하거나 납보다 무거운 원소만이 가능하다. 라듐, 우라늄, 플루토늄 등이 방사성 원소에 속한다.

방사성 원소들은 중성자가 붕괴하면 양성자와 전자가 되어 다른 물질로 변하면서 에너지를 낸다. 그것이 바로 방사선이다. 방사성 원소가 내는 방사선에는 알파선, 베타선, 감마선이 있다. 알파선은 양성자와 중성자 2개로 되어 있다. 그렇다면 알파선은 원자번호 2번 헬륨의 원자핵과 같다는 이야기다. 즉, 알파선은 헬륨의 원자핵이 흘러가면서 만들어진 것이다. 그래서 알파선은 방사선이긴 하지만 헬륨의 원자핵이라는 하나의 덩어리이기 때문에 빠르게 움직이지 못한다. 움직인다고 해도 몇 cm를 못 간다. 공기 중에서는 전자를 만나 더 빠른 시간 안에 헬륨 원자가 되어버린다.

베타선은 전자의 흐름으로 음전하를 띠고 있다. 그렇기 때문에 알파선보다 빨리 움직여 멀리까지 날아가기는 하지만 알파선처럼 사람에게 해를 주지는 않는다. 감마선은 양전하, 음전하의 성질도 띠지 않는다. 그래서 주위의 영향을 받지 않아 투과력이 매우 크다. 그리고 파장이 매우 짧다. 파장이 짧다는 것은 물리학적으로 에너지가 크다는 것을 의미하며 창처럼 삐죽해 직진성이 강하다는 의미도 있다.

X선을 생각해 보면 이해가 쉬울 것이다. X선은 에너지가 커서 우리

몸을 쉽게 통과한다. 반면 감마선은 X선보다 파장이 짧다. 따라서 에너지가 커서 어디든지 투과할 수 있고 막기가 어렵다. 막으려면 아주 두꺼운 콘크리트를 사용해야 한다. 발전소에 사고가 나면 발전소 전체를 두꺼운 시멘트층으로 산처럼 쌓아버리는데 그 이유가 바로 감마선을 차단하기 위해서다.

방사선은 우리 몸에 치명적인 손상을 준다. 우리 몸의 세포를 구성하고 있는 원자에 나쁜 영향을 미치기 때문이다. 또한 우리 몸을 이루고 있는 원자의 핵에서 전자를 떼어내기도 한다. 그렇게 되면 유전자가 변형되어 각종 질병에 걸리고 자손들은 유전병을 가지고 태어날 수도 있다.

방사선이 다 나쁜 것은 아니다. 방사성 동위원소인 탄소 14를 이용해서 화석이나 문화재의 연대를 측정하기도 한다. 식물의 경우 방사선을 쪼이면 돌연변이가 일어나는데, 이것을 이용해 식물의 우수한 점은 그대로 보존하면서 특정 농산물의 형태로 개량하기도 한다. 또한 방사선을 이용한 의료 장치를 개발하여 암을 치료하기도 한다.

방사선은 어디에든 존재한다.
땅, 건물, 강, 바다, 산, 하늘에 자연방사선이 존재한다.
하지만 우리가 받고 있는 자연방사선의 양은
극히 적기 때문에 영향이 거의 없다. 자연방사선 양의
1,000배 정도의 방사선을 받아야 구토나 탈모 같은
신체적 이상을 감지하게 되니 말이다.

핵분열을 이용해 무엇을 할 수 있을까?

1938년 12월 독일의 과학자 오토 한은 세상을 놀라게 할 만한 발견을 했다. 지구의 전쟁과 평화에 직접 관련된 중요한 발견이었다.

그는 우라늄에 중성자를 충돌시켜 더 무거운 새로운 원소를 만들기 위해 실험을 하였다. 하지만 반대의 결과를 얻게 되었다. 우라늄의 반에 해당되는 원자 바륨이 실험에서 관측된 것이다. 왜 우라늄이 반쪽으로 분열된 것일까?

물리적으로는 쉽게 이해가 되지 않았지만 중요한 발견이었다. 오토 한은 처음에는 실험 결과를 믿고 싶지 않아 이러한 사실을 한동안 비밀로 했다.

핵분열 반응에서 1개의 중성자가 우라늄 핵분열을 시작하고 그 분열은 다시 3개의 중성자를 만들어 냈다. 놀라운 일이 연속적으로 벌어진 것이다. 중성자는 전하를 갖지 않고 원자핵에 의해 반발되지 않으므로 핵을 쪼개는 효율적인 총알인 것이다. 그리고 총 9개의 중성자를 더 방출하면서 3개의 다른 우라늄 원자의 분열을 초래한다. 이 중성자들이 각각 우라늄 원자를 쪼개는 데 성공하면 그 반응의 다음 단계에서 총 27개의 중성자를 만들고 이런 방식의 반응이 반복 진행된다. 이와 같은 결과를 연쇄반응이라고 하는데, 이러한 핵의 분열이 위험한 나치 치하에서 발견된 것이다.

오토 한은 독일의 핵 화학자로 악티늄과 메소토륨 등을 발견하여 토륨붕괴 계열을 완성하고 마이트너와 함께 프로트악티늄을 발견했다.

교수님과 함께 떠나는
물리학 여행

또 슈트라스만과 함께 우라늄 핵분열을 연구하여 원자폭탄 제조 계획의 초석을 마련하였고, 그 공로를 인정받아 1944년 노벨 화학상을 받았다.

핵분열의 발견과 원자폭탄

과학자들은 핵분열에 대한 충격을 받는다. 핵분열이 일어날 때 엄청난 에너지가 나올 뿐 아니라 중성자가 생성되기 때문이다. 보통 1개의 중성자가 핵분열을 일으킬 때 방출되는 중성자는 대략 2~3개쯤 된다. 새롭게 방출된 중성자가 다른 핵에 핵분열을 일으킨다면 다시 8~27개의 중성자를 만들어 연쇄적으로 핵분열을 일으킬 수 있다. 즉, 연쇄반응이 가속적으로 일어난다는 것이다.

이를 이용해 에너지가 큰 원자폭탄을 만드는 일은 매우 효율이 높다. 전형적인 핵분열에 의해 방출되는 에너지는 보통의 다이너마이트 폭탄의 폭발에너지에 무려 1,000만 배에 달한다. 하지만 핵분열은 여기서 끝나지 않으며 새롭게 만들어진 2~3개의 중성자는 또 다른 우라늄 핵과 만나 핵분열을 하고, 여기에서 튀어나온 중성자는 또 다른 우라늄 핵과 만나 핵분열을 한다. 이렇게 핵분열은 '연쇄반응'으로 이어지고, 그 결과 엄청난 에너지가 나오는데 이 원리를 이용해 만든 것이 원자폭탄이다.

그러면 왜 자연계에 존재하는 우라늄의 집합체 즉, 우라늄 광산에서는 연쇄반응이 일어나지 않는 것일까? 사실상 핵 연쇄반응은 우라늄의 희귀한 동위원소 우라늄235에서만 가능하다. 이것은 우라늄 금속의 0.7%밖에는 존재하지 않는다. 따라서 대부분을 차지하는 우라늄238은 중성자를 흡수하고도 핵분열을 일으키지 않는다. 연쇄반응이 불가능해지기 때문이다. 만약 연쇄반응이 야구공 크기만 한 순수한 우라늄235로 진행된다면 아마 굉장한 폭발이 일어날 것이다.

1945년 8월 15일 히로시마에 2개의 원자폭탄 '리틀보이'와 '팻맨'이 떨어졌다. 이때 사용된 우라늄235의 크기는 어느 정도였을까? 야구공 정도의 크기였다. 자연계 우라늄에서 이 정도의 핵분열이 가능한 우라늄235를 추출해 낸 것은 제2차 세계대전이 시작될 때 이루어진 맨해튼 프로젝트의 임무 중 하나였다. 빠른 시일 내에 우라늄235를 추출하는 것은 전쟁을 일찍 끝내는 일이기도 했다. 이 프로젝트에 참가한 물리학자들은 두 가지의 동위원소 분리 방법을 사용했다. 한 가지 방법은 같은 온도에서 우라늄235보다 우라늄238이 빨리 움직인다는 사실을 이용한 것이었다.

요즘은 가스 원심분리기에 의해서 쉽게 얻을 수 있다. 우라늄과 불소를 섞어서

만든 불화우라늄 가스를 매우 빨리 돌아가는 원심분리기통에 넣어서 같이 돌게 하면 원심력에 의해 무거운 우라늄238○ 밖으로 몰리게 되고 가벼운 우라늄235는 중간에서 뽑아낼 수 있다. 이 방법은 기계적인 문제가 해결되어 최근에 사용되고 있다.

평화에 핵에너지를 이용하기 위해서도 핵이 필요하다

핵반응은 순수한 우라늄에서는 절대 일어나지 않는다. 그 이유는 대부분이 자연우라늄238로 되어있기 때문이다. 우라늄235의 분열에서 나오는 중성자는 쉽게 우라늄238에 포획된다. 그런데 중요한 것은 우라늄238은 핵분열을 하지 않는다는 것이다. 따라서 만약 중성자를 느리게만 할 수 있다면 핵분열 과정에서 방출되는 중성자가 다른 우라늄235 원자에 포획되어 이를 분열시킬 수 있고 동시에 우라늄238에 포획되는 중성자의 수보다 많은 중성자를 만들 수 있다. 이러한 방법으로도 연쇄반응이 일어나게 할 수 있는 것이다.

이탈리아의 물리학자인 엔리코 페르미는 보통의 으라늄 금속을 작은 덩어리로 만들어서 그 덩어리 사이사이에 중성자를 느리게 하는 물질을 채운다면 안전한 연쇄반응을 일으킬 수 있다고 생각하였고, 세계 최초의 핵반응로를 만들었다. 1942년 그는 계속적으로 반응이 이어지는 제어된 최초의 핵에너지를 얻었다. 물리학은 항상 중요한 시기에 적절한 발견과 발명을 해왔다. 인간이 필요한 일에 집중한 결과이기도 하다.

제어된 핵반응에서 3개의 가능성이 우라늄 금속 내의 중성자에서 일어날 수 있다. 하나는 우라늄235를 핵분열시키는 일, 두 번째는 금속에서 그냥 주변으로 없어지는 일, 그리고 우라늄238에 흡수되는 일이다.

우라늄 핵반응을 제어하기 위해서는 어떻게 해야 할까? 우선 우라늄을 작은 덩어리로 만들어 일정한 간격으로 400톤의 흑연 속에 묻는다. 흑연을 사용하는 이유는 다음과 같다. 골프공이 단단한 벽에 부딪칠 때 골프공은 원래의 속도를 그대로 유지한다. 그런데 골프공이 야구공과 부딪칠 때는 원래의 속도를 거의 잃어버리게 된다. 즉, 이와 같은 원리를 이용한 것이다. 중성자가 무거운 핵에 부딪칠 때는 속력을 거의 그대로 유지하지만 가벼운 탄소에 부딪치면 원래의 속도를 많이 잃어버리게 된다. 따라서 흑연은 중성자를 감속시키는 감속제가 되는 것이다.

제어되지 않는 것은 핵반응로가 아니다. 제어가 되지 않으면 큰 기술적인 문제가 일어날 수 있다. 제어되지 않는 연쇄반응은 제어봉으로 제어되는데 이 제어봉은 카드뮴이나 붕소로 되어있어서 쉽게 중성자를 흡수한다. 이 제어봉을 핵반응로에 삽입하여 일정한 양의 에너지가 배출되게 한다. 만약 핵반응로 내에 끝까지 삽입하면 이는 연쇄반응을 완전히 중지시킨다. 그리고 완전히 핵반응로에서 빼내면 반응이 빨라져서 핵반응로를 녹이게 되어 아주 위험한 상황이 발생한다.

교수님과 함께 떠나는
물리학 여행

나가사키에 떨어진 원자폭탄은 플루토늄을 이용한 폭탄이다

실제로 플루토늄을 우라늄에서 선별하는 것은 매으 어렵다. 왜냐하면 많은 양의 방사능 핵분열 부산물이 플루토늄과 함께 만들어지기 때문이다. 이때의 방사능은 강해서 페르미 핵반응로에 있는 물질도 부서진다. 따라서 몇 그램의 플루토늄을 얻은 후 핵반응로는 가동을 중지시켜야 한다.

또한 플루토늄을 우라늄으로 분리하는 것은 원거리 제어장치에 의해서 진행해야 한다. 플루토늄 원소는 화학적으로 독성이 있기 때문이다. 마치 납이나 비소처럼 이 원소는 사람의 신경계통을 손상시켜 사람을 마비시킨다. 그러나 다행히도 산소와 결합해서 PuO, PuO_2와 Pu_2O_3를 만든다. 이들은 화학적으로 불활성이다. 물에도 녹지 않고, 생물계통에도 녹지 않는다.

플루토늄 화합물은 생물학적으로 무해하다. 그러나 플루토늄은 어떠한 형태든 방사능 때문에 인체에 해롭다. 플루토늄은 우라늄보다 더 해롭고 라듐보다는 덜 해롭다. 플루토늄은 아주 짧은 거리에서 입자를 방출하기 때문에 마주치는 세포에 큰 에너지를 전달하여 세포를 죽여버리기까지 한다. 이 현상은 라듐에서 나오는 버타 입자와는 다르다. 상처를 입은 세포가 죽은 세포보다 암을 쉽게 유발시킨다. 플루토늄은 암을 유발하지는 않는다.

플루토늄이 인류에게 큰 위협이 되는 것은 핵분열 폭탄에 사용될 가능성이 있기 때문이다. 우라늄238이 핵분열을 할 수 있는 동위원소와 섞여서 핵반응로에 있을 때 핵분열로 방출된 중성자는 비교적 많은 우라늄238을 핵분열이 가능한 플루토늄239로 변환시킨다. 또는 탈륨232가 핵분열이 가능한 동위원소와 섞여 있다가 핵분열이 가능한 우라늄233으로 변환되기도 한다. 따라서 핵반응로에서는 핵분열로 에너지가 생산되기도 하지만 핵분열이 불가능한 물질을 가능한 물질로 만들어 버리기 때문에 이 핵반응로를 증식로라고 한다.

증식로는 핵반응로가 쓰는 연료 이상으로 새로운 연료를 생산한다. 즉 2개의 핵분열이 가능한 동위원소를 집어넣으면 여기에서 3개의 핵분열이 가능한 물질이 생긴다. 이것은 매우 경제적인 일이다. 자동차의 기름을 한 번 넣어 몰고 다니면 처음보다 더 많은 연료가 기름통에 남아있는 것과 같다. 따라서 초기의 핵반응로 건설에 투자하기만 하면 핵반응로는 경제적으로 많은 에너지를 생산할 수 있다. 증식로로 발전을 한다면 전력회사를 몇 년 작동시킨 후 원래 연료의 2배를 핵반응로에서 다시 생산할 수 있게 된다.

대부분의 핵반응로의 주된 용도는 전기 생산에 있다. 핵분열 핵반응로는 핵을 이용한 발전소에 불과하다. 왜냐하면 기름이나 석탄을 이용한 발전소와 마찬가지로 물을 끓여 증기를 발생시켜 터빈을 돌리는 것으로 전기를 생산하기 때문이다. 그런데 핵발전의 장점은 적은 양의 핵원료로 많은 양

의 전기를 생산할 수 있다는 것이다. 에너지를 생산하기 위해서 소모해야 할 수십 억 톤의 석탄과 기름, 천연가스를 이용하는 것이 아니기 때문이다. 석탄을 태워 발전을 할 때 공해를 발생킨다는 것을 감안하면, 핵반응로는 매우 유용한 방법 중 하나이다.

하지만 장점만 있는 것은 아니다. 핵발전에도 문제가 있다. 방사능 폐기물의 보관문제다. 또한 플루토늄의 생산으로 인한 핵무기의 생산 가능성도 문제가 된다. 그리고 방사능 물질이 공기와 지하수로 유출되는 방사능 유출사고 등도 문제이다.

핵발전의 장점과 단점 외에도 깊게 생각해야 할 문제는 많다. 오늘날 많은 사람들이 핵발전소의 건설을 반대하고 있으며, 미국과 유럽에서는 핵발전소보다 화력발전소의 건설에 치중하고 있다.

핵융합은 무엇인가?

핵분열과 반대로, 2개의 핵이 뭉쳐지는 현상을 핵융합이라고 한다. 수소 동위원소의 원자핵을 합치면 헬륨의 원자핵이 만들어지는데, 이때 핵분열과 마찬가지로 엄청난 힘이 나온다.

그런데 2개의 핵을 어떻게 합칠 수 있을까? 앞에서 핵은 양성자, 중성자로 되어 있다고 했다. 그렇다면 핵 전체는 양전하를 띠며, 핵을 붙이려고 하면 서로 밀어내는 것과 똑같은 현상이 일어날 것이다. 이러한 핵을 융합시키는 방법은 온도를 높여서 핵들이 빠른 속도로 움직이게 하는 것이다. 그러면 빠른 속도 때문에 핵은 서로 부딪혀 합쳐지고 만다. 하지만 이때 내부적으로 플라즈마 상태(초고온의 기체상태)가 될 정도로 높은 온도여야 한다.

예를 들면 핵융합 반응이 일어나고 있는 태양 중심의 온도는 무려 1,500만 도나 된다. 아직까지 핵융합 발전은 연구를 진행하고 있는 단계이지만 앞으로 핵에너지원으로 사용할 날이 올 것이다.

핵의 이용에 대한 논란은 끊임없이 일어나고 있다. 원자력 발전소에서 우라늄235 원자핵 1g이 만들어 내는 에너지는 석유 9드럼이나 석탄 3톤을 태웠을 때 발생하는 에너지의 양과 같다. 에너지의 양으로나 비용 면에서 원자력 발전은 매우 효율적으로 보이지만 원자력 발전을 통해서 에너지를 얻기 위해 사용되는 원료인 원자핵은 방사선을 내는 방사성 물질이므로 위험이 따른다. 그리고 남은 원료나 수거물에서도 방사선이 나오기 때문에 해를 끼치게 된다. 또한 부산물로 플루토늄이 만들어져 핵무기를 만들 수 있다는 점 역시 큰 문제점으로 남아 있

다. 그래서 원자력 발전소를 가지고 있는 북한에 대한 정치적 논란이
계속되고 있는 것이다.

Isaac Newton
PHYSI

물리보다 재미있는 노벨상 이야기

노벨상은
모든 과학자의 꿈이다

매년 11월 노벨상 수상자가 발표된다. 노벨상은 각 분야에서는 최고의 연구결과를 낸 학자에게 수여되는 것으로, 물리학 분야에서는 1901년 X선을 발견한 뢴트겐이 첫 수상의 영광을 안았다. 그 후 지금까지 100년 동안 매년 물리 분야에서 가장 중요한 연구업적을 이룬 과학자들에게 노벨상이 수여되고 있다.

최고의 연구결과를 냈다고 해서 바로 노벨상이 주어지는 것은 아니다. 연구업적의 중요성을 확인하고 그 중요도가 인식되기까지 시간이 걸린다. 연구결과를 발표하고도 무려 55년이 지난 후에야 수상을 한 물리학자도 있다. 그가 바로 루카스인데, 1931년 전자현미경의 원리를 최초로 개발하여 전자 광학의 길을 열었지만 그 공로가 인정된 것은 1986년이었다. 연구를 시작한 지 무려 50년 이상이 지난 후에야 노벨상을 수상한 것이다. 하지만 20~30대에 수행한 연구결과가 인정되어 생전에 노벨상을 수상한 것은 얼마나 다행인가? 노벨상의 규정 중

물리보다 재미있는
노벨상 이야기

에는 절대 죽은 사람에게는 수상하지 않는다는 규칙이 있으니 말이다. 노벨상 수상자는 세계적으로 저명한 과학자들과 해당 분야의 전문가들의 치밀하고 엄밀한 심사와 추천 등의 선발과정을 거쳐 정해진다. 그래서 지금까지 노벨상의 권위가 유지되고 있는 것이다. 이미 말했지만 연구업적이 인정되기 전에 죽으면 노벨상을 받을 수 없다. 그래서 많은 사람들의 추천과 업적에도 불구하고 노벨상을 받지 못한 채 세상을 떠난 물리학자들도 있다. 그 대표적인 학자 중 한 명이 프랑스의 푸앵카레다. 그는 위상기하학과 미분방정식에 조예가 깊은 학자로 상대성이론과 양자역학의 발전에 공헌하였다. 그리고 1910년 노벨상 수상에서 유례없는 34명의 추천을 받았다. 하지만 1912년 사망함으로써 영원히 수상기회를 놓치고 말았다. 아마 푸앵카레가 좀 더 살아 있었다면 노벨상을 수상하였을 것이다. 물리학자들이 건강해야 할 이유가 여기 있는지도 모르겠다.

100년 이상 진행된 노벨상은 단순히 연구업적이 우수한 물리학자들에게 상을 수여하는 제도가 아니다. 노벨 물리학상은 지금까지 과학발전의 틀을 만들고, 발전의 방향을 주도해 왔다. 또한 시대의 과학발전에 중요한 지침을 주었고 여러 물리학자들에게 경쟁심을 고취시켰다. 이 경쟁은 선의의 경쟁으로 물리학자를 이끌었고, 물리학자는 노벨상이 목적이 아니라 과학의 발전을 위해 노

력하고 있다.

현대 물리학의 역사는 노벨상의 역사와 같다고 해도 과언이 아니다. 노벨 물리학상의 역사인 100년이 넘는 시간 속에는 수많은 물리학자들의 인간적인 이야기가 숨어 있다.

인간의 역사 속에 진실만 있는 것이 아니듯 노벨 물리학상 속에도 소설 같은 이야기가 숨어 있다. 물리학자들이 만들어 낸 인간적인 드라마와 과학의 냉엄한 진실의 이야기를 통해 물리를 알아보자. 그 속에 물리학이 있고 물리학보다 더 물리학적인 이야기가 있으니 말이다.

노벨상을 만든 알프레드 노벨, 그는 누구인가

노벨상을 만든 알프레드 노벨은 아버지의 사업실패로 어린 시절 가난한 생활을 해야만 했다. 어린 시절을 추억할 때 추위에 떨었던 기억뿐이었다고 말했을 정도로 말이다. 그 아픈 기억으로 인해 그는 평생을 스웨덴보다도 따뜻한 프랑스 파리나 이탈리아의 산레모 휴양지에서 살았다.

하지만 노벨의 아버지는 뜻밖의 행운을 얻게 된다. 러시아의 유력한 정치가의 후원을 받은 것이다. 그는 재정러시아의 수도 상트페테르부르크에서 기뢰나 수중화약의 제조 등 무기제조를 시작해 큰 성공을 거둔다. 마침 러시아가 영국을 상대로 크림전쟁을 하고 있어 무기류와 화약의 수요가 폭발적이었다. 이 사업으로 성공한 노벨의 가족들

은 상트페테르부르크로 이사하여 유복한 생활을 하게 된다.

노벨은 아버지의 사업 분야인 폭약과 관련된 화학공부를 시작했다. 그는 상트페테르부르크 공과대학의 교수였던 니콜라이 지닌 교수에게 화학을 배우게 되는데 특히 니트로글리세린의 제조법에 대해 배우게 된다. 이것이 후일 다이너마이트를 만들게 되는 계기가 되었다. 노벨은 기억력과 추론능력이 뛰어났으며, 학습의욕도 높아서 5년 동안에 정규교육의 전 과정을 마칠 정도로 우수했다. 또한 5가 국어를 자유스럽게 구사할 정도로 어학능력이 뛰어났다.

그의 어린 시절의 꿈은 문학가가 되는 것이었다. 10대에 쓴 시와 친지들에게 보낸 편지 속에 셰익스피어와 셸리의 시구들을 인용했을 정도로 문학의 세계에 깊이 빠져있었다. 말년까지 문학가의 꿈을 버리지 못한 노벨은 평생 동안 문학서적을 두루 탐독했다. 그리고 그의 자서전 격인 〈네메시스〉라는 희곡을 남기기도 했다. 과학자에게 문학적 소양이 얼마나 중요한 것인지를 노벨은 보여주고 있다.

노벨은 평생 동안 355개의 특허를 출원했다. 최초의 특허는 폭약과는 관계가 없는 압력 측정 계기의 개량에 관한 것으로 크림전쟁이 러시아의 패배로 끝나자 무기제조 기업을 운영하던 아버지의 회사 사정이 어려워져 시작한 사업이었다. 그는 30세가 되던 1863년에 폭약에 관한 특허를 받았다. 아버지가 오랫동안 군사용 폭약 제조에 종사했기 때문에 폭약을 개조하는 것은 노벨에게는 전혀 새로운 기술이 아니었다. 프랑스의 소브레로가 발명한 니트로글리세린이라는 당시로서는 잘 알려지지 않은 새로운 폭약을 니콜라이 지닌 교수로부터 소개받으면서 노벨의 천재성이 발휘되기 시작했다. 그는 니트로글리세린을 한두 방울 철판 위에 떨어뜨려 놓고 망치로 쳤을 때 엄청난 폭음소리를 내면서 폭발하는 것을 보았다. 이로써 노벨은 이 강력한 폭발성의 미래를 예견한다. 하지만 니트로글리세린은 위험성이 매우 높아 실험에 사용하는 것도 조심해야 했다. 폭발력은 크지만 액체 상태였기 때문에 수송 중이나 시공 중에 폭발해 버리는 일이 많아서 매우 위험했다. 그는 안전하게 수송하면서도 강력하게 폭발시킬 수 있는 방법을 찾는 데 심혈을 기울였고, 니트로글리세린과 검은 폭약을 혼합시켜, 이 혼합물을 보통의 도화선으로 폭발시키는 실험을 여러 차례 수행했다. 그리고 대량으로 니트로글리세린을 제조하기 시작했다.

하지만 새로운 발견은 그에게 큰 시련을 안겨주었다. 실험 도중 사고로 인해 큰 폭발 참사가 일어나 동생을 잃게 된 것이다. 하지만 이 사고는 지금까지 알려지지 않았던 니트로글리세린의 폭발력을 만천하에 보여주는 계기가 되었고, 여러 곳에서 니트로글리세린 폭약의 주문이 폭발적으로 들어오게 되었다. 그는 31세에 세계 최초로 니트로글리세린 회사를 설립하여 사업의 기초를 마련하게 된 것이다.

그는 연구를 거듭해 니트로글리세린을 이용한 다이너마이트를 개발한다. 당시 파나마운하 건설과 같은 대규모 공사에 다이너마이트 같은 폭약이 사용되어 그 수요는 어마어마했다. 또한 19세기 말 제국주의가 팽창하여 유럽의 모든 나라들이 군비확장을 서두르고 있었기 때

문에 폭약사업은 날로 번창했다. 처음에 다이너마이트는 규조토라는 흙에 액체 상태의 니트로글리세린을 흡수시켜 만들었는데, 폭발력이 부족했다. 그 후 폭발성이 뛰어난 젤라틴을 발견하여 이것을 사용한 무연 화약 '바리스타이트'를 만들었다. 다이너마이트와 바리스타이트는 안전하게 운반할 수 있을 뿐만 아니라 폭발시키기 쉬운 폭약으로 공업과 광업을 크게 발전시키는 계기를 마련했다. 수송에 안전하고 폭발력이 뛰어난 화약은 최고의 상품이었던 것이다.

노벨은 다이너마이트의 발명과 특허로 여러 곳에 공장을 세우고 많은 돈을 벌어들였다. 안전한 다이너마이트 시장을 세계시장으로 확장시켜 다국적 기업을 일으킨 것이다. 발명가인 동시에 사업가인 노벨은 다이너마이트를 통해 상당한 부를 축적했고, 그 부가 으늘날 노벨상 기금이 된 것이다.

노벨의 형제들이 일으킨 석유사업이 번창할 즈음 노벨은 죽는다. 그의 유언에 따라 소유하고 있는 석유주식을 포함한 전 재산을 처분해 노벨상 기금을 마련했는데 그 당시 노벨의 재산은 3만 1,200 크로노르에 달했다. 이 돈은 당시 환율로 743만 불에 달하는 거액이었다.

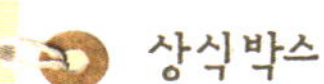

노벨상 메달에는
무엇이 새겨져 있을까?

노벨상 시상식은 매년 12월 10일에 개최되는데 이날은 바로 노벨이 서거한 날이다. 수상자는 스웨덴의 왕립 과학 아카데미와 카로린스카 연구소의 분과별 토의를 거쳐 아카데미 총회 또는 카로린스카 노벨 위원회에서 최종적으로 결정한다. 물리학의 경우 왕립 아카데미와 노벨 물리학 심사위원회에서 심사한다.

노벨상 수상자는 상장과 금메달 그리고 상금을 받는데 금메달은 순금 24K가 아니라 순금에 가까운 23K로 만들어졌다. 스웨덴에서는 순금의 개인 소유가 법으로 금지되어 있기 때문이다.

메달은 직경이 6.5㎝로 표면에 알프레드 노벨의 초상이 양각되어 있고, 뒷면의 경우 물리학상, 화학상 그리고 경제학상은 과학의 여신이 자연의 여신의 얼굴에 쓰인 베일을 벗기려는 그림이 새겨 있다.

노벨상 최고령 수상자, 87세의 카를 폰 프리슈

노벨상은 사망한 사람에게는 수여하지 않는다. 대부분 젊었을 때에 수행한 일로 노벨상을 받지만 인정을 받기까지 많은 시간이 걸리기도 한다. 노벨상 최고령 수상자는 카를 폰 프리슈였다. 그는 자신이 저술한 〈춤추는 벌 : 꿀벌들의 감각과 생활에 관한 보고서〉와 〈벌 : 그들의 시각, 화학적 감각, 그리고 언어들〉이라는 책을 통해 연구결과를 발표하였다. 이 외에도 그는 물고기의 행동에 관한 연구도 수행하였다. 물고기가 색깔, 빛의 세기, 그리고 소리의 크기도 구별할 수 있다는 것을 입증했다.

그는 동물의 행동을 연구하며 일생을 보낸 학자였다. 느벨재단은 1973년 꿀벌들의 행동양식을 연구한 공을 인정해 노벨상을 수여한 것이다.

거위에 대한 행동을 연구한 오스트리아의 근대 동물행동학의 시조인 로렌츠 교수와 갈매기의 행동을 인간의 행동과 비교 연구한 영국 옥스퍼드 대학의 틴버겐 교수도 함께 수상했는데, 이들의 연구는 인간의 행동양식이 동물들과 어떻게 다르며 이들이 인간들의 행동 양식연구에 어떻게 공헌할 수 있을지를 밝힌 매우 의미 있는 연구였다.

프리슈는 86세에 발표한 논문으로 노벨상을 수상했다. 평생을 열심히 연구에 몰두한 그에게 노벨상이 주어졌다는 것은 감동스러운 이야기다. 그의 연구는 꿀벌들의 행동양식을 면밀하게 관찰하는 데서 출발했다. 꿀벌들의 행동은 인간들이 보기에는 전혀 알 수 없는 것으로 보이지만, 벌들의 행동을 꾸준히 관찰한 결과 다른 꿀벌들에게 언어로 전달하고 있다는 것을 밝혀냈다. 꿀벌들은 자신들만의 언어를 통해 꿀을 딸 수 있는 꽃이 어디에 있으며, 꿀의 양은

얼마나 되는지를 정해진 방향으로 움직이는 듯한 행동으로 다른 꿀벌들에게 전달하고 있다는 사실을 알아낸 것이다.

꿀벌이 8자 모양으로 회전하며 제자리를 맴돌면 그것은 꿀이 있는 곳을 다른 꿀벌들에게 알리는 것이고, 빨리 회전하면 먼 곳에 있다는 뜻이며 천천히 돌면 가까운 곳에 있다는 뜻이다. 또 8자 모양을 그리며 회전하는 방향으로 꿀의 위치를 가리키기도 한다. 즉, 오른편으로 회전할 때와 왼편으로 회전할 때는 서로 반대방향을 가리키게 된다는 것을 관찰로 밝혀냈다. 그의 노벨상 수상은 자신이 좋아하는 일을 꾸준히 하다 보면 언젠가는 세상이 인정해 준다는 것을 보여준다.

물리보다 재미있는
노벨상 이야기

노벨 물리학상 첫 수상의 영광을 안은 뢴트겐

1895년 말 세상은 뢴트겐이 발견한 새로운 빛으로 인해 발칵 뒤집혔다. 물리학의 새로운 지평을 연 발견을 해낸 뢴트겐의 과학자적 삶을 들여다보면 열심히 자신의 일을 한 사람에게 언젠가는 기회가 온다는 것을 느낄 수 있다.

뢴트겐은 1869년 취리히 대학교에서 박사학위를 받았다. 그 후 여러 대학을 전전하면서 시간강사를 하다가 1875년에 조그마한 독일 대학에서 물리학 교수로 임명되었다. 그때까지만 해도 물리학자로서 주목할 만한 사람은 아니었다.

하지만 열심히 연구하면 언제든지 기회는 온다. 그 당시 그는 전류에 대한 공부를 했고 모두가 관심을 갖고 있던 열역학 연구도 시작하여 비열 측정에서 매우 좋은 결과를 냈다. 하지만 그는 여기저기 대학을 옮겨 다녀야 했다. 그리고 마침내 시간강사 생활을 마무리하고 1888년 가을에 뷔르츠부르크 대학교의 물리학 교수로 부임하게 된다. 그 학교

는 당시로서는 정상급 대학은 아니었지만 연구하기에는 좋은 곳이었다. 세간의 주목을 받지는 못했지만 꾸준히 연구하며 48편의 논문을 써온 그는 드디어 49번째 논문을 통해 세상을 바꾸는 큰 일을 해낸 것이다.

1895년 11월 8일 저녁 뢴트겐은 진공방전관인 히토르프–크룩스관을 가지고 실험을 하고 있었다. 그는 실험 장치를 까만 마분지로 모두 덮어씌우고, 실험실은 빛이 들어오지 않게 완전히 차단된 상태로 만들었다. 히토르프–크룩스관에서 조금 떨어진 곳에는 스크린으로 사용하는 바륨–백금–시안 처리가 된 1장의 종이판이 있었다. 그런데 그 종이가 빛을 내고 있었다. 종이판이 빛을 낸다는 것은 무엇을 말할까? 어떤 빛이 그 판을 때리고 있다는 것을 의미했다. 그러나 뢴트겐의 관은 검은 마분지로 뒤덮여 있었기 때문에 어떤 빛이나 음극선도 나올 수 없는 상황이었고 실험실은 완벽히 차단돼 빛이 들어오지 않았다. 이상한 빛은 분명 히토르프–크룩스관에서 나온 것이었다. 기대하지 않았던 사실에 놀라고 당황한 뢴트겐은 그것을 자세히 검증하기로 했다. 자연과학의 결과는 항상 검증이 필요하다.

그는 바륨–백금–시안이 발라진 종이 면을 뒤로 돌려서 다시 실험해보았다. 그래도 형광은 계속되었다. 스크린을 관에서 멀리 떨어지게 해보았지만 여전히 형광이 나왔다. 그래서 그는 히토르프–크룩스관

과 스크린 사이에 여러 가지 물건을 놓아보았다. 모든 것들은 마치 투명한 물체처럼 뚫고 나와 형광판을 두드렸다. 무엇이든지 뚫고 지나가는 투명한 빛을 발견한 것이다. 손을 히토르프-크룩스관 앞에 놓자 스크린에는 그의 손뼈가 나타났다. 손까지 뚫고 나오는 빛이었다! 지금까지 보지도 못했던 빛을 발견한 것이다. 그는 즉시 논문을 썼다. 백 마디 설명보다 과학자는 논문으로 진실을 이야기해야 한다. 그가 논문에서 '새로운 종류의 빛'이라고 이름 붙인 X선을 최초로 발견한 순간이다.

마지막으로 그는 자신이 발견한 X선을 이용하여 결과물을 사진으로 찍었다. 이제 모든 실험이 끝났다고 확신이 들자 그는 1895년 12월 28일 논문을 뷔르츠부르크 물리학·의학 협회에 제출했고, 그의 논문은 중요성이 인식돼 즉시 인쇄되어 1896년 1월에 배포되었다. 이 진실하고 간결한 논문에서 뢴트겐은 그가 처음으로 느꼈던 느낌이나 의심에 대해서는 한마디도 쓰지 않았다. 과학적 논문은 감정을 배제한 사실만을 기술하기 때문이다. '큰 룸코르프 코일을 히토르프-크룩스관 또는 충분히 배기시킨 레나드, 크룩스나 유사한 관에 연결하고 이 관을 검고 얇은 마분지로 만든 상자로 덮어씌운 다음 방전을 시키면 바륨-백금-시안을 처리한 스크린이 밝게 빛나는 것을 어두운 방에서도 볼 수 있다. 그리고 스크린의 처리된 면과 처리되지 않은 면에 방전관을 향하게 하더라도 똑같은 양의 형광을 볼 수 있다.'라고 과학적 사실을 간결하게 이야기했다. 뢴트겐은 7주 동안 자신이 실험하고 발견한 것을 사실적으로 기술했다. 물체들마다 정도의 차이는 있지만 X선이 투과시켜 사진건판에 검광된다는 것과 빛이 반사하거나 굴절하지 않고 자기장으로도 굽힐 수 없다는 것, 음극선이 유리관의 벽에 닿을 때 음극선관에서 나온다는 것을 기술했다.

그의 발표로 과학계에 대소동이 일어났다. 많은 사람들이 그의 논문을 믿을 수 없어 했다. 그가 X선이라 불리는 새로운 빛을 발견했다는 결정적 근거인 뼈 사진을 보여주자 의심은 즉시 사라졌다. 그의 논문을 읽은 수많은 과학자들이 곧바로 자신의 연구실로 달려가 방전관을 동작시키고 X선을 볼 수 있는지 실험을 했고, 그들 모두 그 빛을 확인하고 흥분했다. 그리고 그의 발견을 인정했고, 세계적인 과학적 발견에 경의를 표했다. 과학을 통해 새로운 세계가 열린 것이다.

이 소식은 뉴스를 통해 전 세계로 퍼졌다. 모든 것을 투과하는 빛으로 자신의 뼈도 볼 수 있다는 사실에 세계는 경악했다. 그 당시 얼마나 놀라운 일이었겠는가? 이것은 몸속에 박힌 탄환도 볼 수 있다는 것을 의미했고, 의학계에 응용성이 즉각 제기되어 그 가능성을 이용한 X선 기계가 개발되었다. 그해 1월 23일 뢴트겐은 자신의 발견에 대해 처음이자 마지막으로 공개 강연을 했다. 물리학·의학 협회에서 수행한 그의 강연에 많은 사람들이 몰려들었고 우레와 같은 박수로 축하했다.

뢴트겐의 발견 이후 많은 물리학자들은 의사들과 X선 연구에 몰두했다. 1896년만 해도 X선에 관한 논문이 1,000편 이상 출판되었다. 반면 뢴트겐은 1896년과 1897년 각각 2편의 논문을 썼을 뿐이다. 그리

고 다시 예전에 연구하던 문제로 돌아갔다.
그 후 24년 동안 7편의 논문을 썼다. X선에
대한 연구는 좀 더 젊은 사람들이 할 수 있도
록 남겨두었던 것이다. 그 공로를 인정받아
1901년 뢴트겐은 제1회 노벨 물리학상을 받았다.
노벨의 정신을 계승할 가장 적절한 수상의 시
작이었다. 동시에 X선의 발견은 현대 물리학
의 탄생을 알렸고, 실제 이 발견을 계기
로 현대물리학이 탄생되었다. 획기적인 물
리학의 발견은 새로운 세계를 열어준다. 노벨 물리학상은 이 점을 높
이 평가한 것이다. 그리고 과학발전이 인류발전의 틀을 마련할 것이
라고 확신했다. 노벨상의 중요한 역할과 역사적 사명이 여기에 있다
고 볼 수 있다.

방사능의 발견으로 이어진 노벨상

X선의 발견은 당시의 과학자들에 많은 영감과 새로운 희망을 주었다.
그중 프랑스 과학자 앙리 베크렐은 X선과 자신이 연구하는 형광물질
과 인광물질 사이에 연관성이 있다고 생각했다. 하지만 여러 가지 실
험을 통해서 조사해 본 결과 인광과 형광에서는 X선이 나오지 않았
다. 당연한 일이었다. 그는 사진건판을 검고 두꺼운 종이로 두 번 싼
후에 그 위에 우라늄과 염의 일종인 유산 우라닐칼륨에서 인광물질을

놓고 하루에도 몇 시간씩 햇빛에 노출시켰다. 우라늄에서 뭔가 다른 물리적인 현상을 발견하고 싶었던 것이다. 그리고 사진건판을 현상해 보니 이상하고 검은 모양의 인광물질이 나타났다. 인광물질과 검은 종이 사이에 유리판을 놓고 햇빛에 쪼여두어도 같은 결과가 나타났다. 인광물질에서 종이를 통과시키는 방사선이 나오고 있다는 것을 알 수 있었지만 그 당시에는 그 빛이 방사선인 줄 몰랐다. 단순히 다른 X선이 방출되고 있다고 생각했다. 방사선은 필름을 검게 만들 뿐 아니라 기체를 이온화시켜 전기의 도체로 만든다는 사실도 알아냈다. 그러나 그는 우라늄에 국한하여 실험을 했기 때문에 다른 방사선 물질에서도 나온다는 보편성을 확보하지는 못했다.

그는 우라늄에서 방출되는 투과력이 강한 방사선 때문이라고 결론을 내렸다. 하지만 X선이 발견된 뒤여서 쉽게 결론지을 수 없는 상황이었다.

2년 후 프랑스의 퀴리 부부가 방사선을 다시 발견했다. 마리 퀴리는 베크렐이 사용한 방사능 검출장치를 개선하기 위해 수정을 사용하였다. 감도가 좋아진 검출장치는 방사능 검출에 더욱 효과적이었다. 베크렐은 우라늄에 국한시켜 연구했지만, 퀴리 부부는 우라늄 이외의 다른 물질도 연구하였고, 우라늄 에서 나오는 방사능의 강도가 우라늄의

양에 비례한다는 것을 발견하였다. 우라늄이 어떤 화합물 형태로 존재하더라도 방사능의 양은 우라늄 원자와 밀접한 관련이 있다는 것을 알아냈다. 베크렐의 발견을 확증한 셈이었다. 그리고 토륨에서도 같은 현상을 발견하고 방사능이라는 새로운 용어를 만들어 냈다.

그녀는 천연 광석에 대해서도 연구를 지속하였고, 어떤 광석에서는 우라늄이나 토륨에서보다 많은 방사능이 나온다는 것을 알아냈다. 또 다른 광석 피치블렌드에서 '폴로늄' 이라는 새로운 원소를 발견한다. 이것은 새롭게 발견되었기 때문에 자신의 이름을 직접 붙일 수 있었다. 이 광석은 마리 퀴리의 조국 폴란드를 기리기 위해서 폴로늄으로 지어졌다.

1898년에는 자연에 존재하는 또 다른 강력한 방사성 원소인 라듐을 발견했다. 이로써 새로운 분야의 과학이 탄생하였다. 방사능 물리학에 대한 근거를 그녀가 마련한 것이다. 하지만 그 당시는 우라늄과 같은 무거운 원소에 대해 알지 못했다. 방사능 연구는 물질의 구조 자체에 대한 새로운 개념이 필요했기 때문이다. 물질의 구조에 대한 정보 없이 방사능을 설명하기는 힘든 일이었다. 방사능에 대해 더욱 근본적인 이해를 하기 위해서는 원자에 대한 이해가 필요했다.

20세기 초 물질의 기본 단위인 원자가 물질을 구성한다는 이론은 과학자들로부터 일반적으로 인정된 것이었다. 하지만 원자의 내부구조에 대한 것은 전혀 알 수 없는 상황이었다. 1900년 퀴리 부부는 파리에서 개최된 국제물리학회에서 '새로운 방사성 물질과 그의 방사선'

이란 논문을 발표했다. 베크렐 또한 방출되는 방사선을 주제로 연구논문을 발표했다. 베크렐은 그가 발견한 방사선이 뢴트겐이 발견한 X선이나 음극선과 매우 유사한 것으로 보았다. 하지만 퀴리 부부는 주로 방사성 물질 자체에 흥미를 가졌고, 방사능이 원자적 성질을 가졌다는 것을 밝혀냈다. 그들은 보통의 방사성 물질인 우라늄과 토륨 그리고 나중에 발견된 폴로늄과 라듐, 악티늄에 관해서 연구를 지속했다. 물질의 화학적 성질, 광학 스펙트럼, 방사선 효과, 그리고 유도 방사능에 관한 연구를 지속한 것이다. 그리고 방출된 방사능에너지의 출처가 어디인지 그리고 방출된 방사선의 물리적 본성에 대해 연구했다.

1911년에는 대부분의 모든 원자의 질량은 총 부피 중 아주 적은 부분만을 차지하는 핵에 의해 결정된다고 생각하였다. 그리고 이어서 동위원소라는 중요한 개념이 확립되었다. 원자핵 속에 있는 양성자의 수를 원자번호라 하는데, 동위원소는 원자번호는 같지만 원자량이 다른 원소를 말한다. 6년 후인 1917년에는 실험실에서 원자핵을 변환시키는 데 성공했다. 1934년에는 인공적으로 고안된 장치 속에서 원자핵을 변환시켜 보통 물질도 방사능을 가지게 할 수 있다는 것이 밝혀졌다. 이런 실험으로 질소, 알루미늄, 인 등의 방사성 원소들이 확인되었고, 중성자가 핵의 변환에 영향을 끼친다는 것을 알아냈다. 그리고 새롭게 발견된 방사성 동위원소의 목록이 수소부터 우라늄에 이르기까지 지금까지 알려진 모든 원소에 해당된다는 것이 밝혀졌다. 이제 마음대로 원자핵을 변환시킬 수 있는 시대가 온 것이다.

물리보다 재미있는
노벨상 이야기

이때 핵변환을 통해서 초우라늄 원소라는 우라늄
보다 원자번호가 큰 원소에서 방사성 동위원소들
을 얻을 수 있다는 점이 지적되었다. 그리고
1940년이 되어서야 처음으로 이런 형태
의 원소인 넵투늄이 확인되었다.
방사성 핵종을 생성하는 여러
과정 중에서 중성자에 의해 유
발되는 핵분열이 가장 효과적이라는 사실을 알아냈다. 또한 1941년
핵분열이 자발적으로도 일어날 수 있다는 사실도 발견하게 되었다.
무거운 원소 내의 불안정한 핵들은 외부에너지를 받지 않고도 분열된
다는 사실을 발견한 것이다. 이러한 발견으로 현대적 이론을 통해 핵
구조에 대한 근본적인 설명이 가능해졌다.

1942년에는 핵에너지를 대량 방출시킬 수 있는 방법을 알아내고 실험
적으로 성공시켰다. 불안정한 핵은 저절로 붕괴되어 더욱 안정한 상
태가 되는데, 그러한 붕괴과정을 통해 특정 입자나 특정 형태의 전자
기적 에너지를 방출한다. 이러한 방사성 붕괴는 인공 동위원소뿐만
아니라 자연에서 얻을 수 있는 몇 종류의 원소가 가지고 있는 성질이
다. 방사성 원소가 붕괴하는 비율은 반감기로 표시되는데, 반감기는
주어진 양의 동위원소 절반이 붕괴하는 데 걸리는 시간을 말한다. 반
감기는 10억 년 이상인 것도 있지만, 짧은 것은 10^{-9}초인 것도 있다.
붕괴과정은 안정한 핵종이 형성될 때까지 계속된다.

1903년 노벨상은 베크렐과 퀴리 부부에게 주어졌다. 퀴리부인은 노벨상 시상식 상에서 "범죄자 손에 라듐이 들어가면 매우 위험하게 됩니다. 여기서 우리는 자연의 비밀을 알게 되는 것이 인간에게 유익한 일인지, 이것으로부터 이익을 얻게 될 것인지 아니면 이 지식이 인간들을 해롭게 할 재앙으로 이어질지는 알 수 없습니다. 노벨의 발견이 이 일을 단적으로 증명하고 있습니다. 위대한 힘의 폭발이 위대한 일을 성취할 수 있을지 아니면 범죄자의 손에 들어가 무서운 파괴의 수단으로 쓰일지 알 수 없습니다. 노벨과 함께 나도 이 새로운 발견들이 인류를 더 좋은 상태로 이끌 것이라 믿는 사람 중의 한 명입니다."라고 말했다. 그녀의 걱정은 현실이 되었다. 그녀의 발견은 원자폭탄이라는 재앙의 물건을 만들어 냈으니 말이다.

그녀는 1911년 로듐과 라듐의 발견으로 두 번째 노벨상을 받는다. 이번에 수상한 분야는 화학이었다. 퀴리 부부의 과학적 성과에 비해 그들의 연구는 형편없는 실험실에서 수행되었다고 한다. 오두막과 같은 실험실은 공기의 배기조차 되지 않았다. 하지만 이런 외부적인 환경보다도 더 위험했던 것은 그 당시에는 방사선에 대한 위험성을 아무도 몰랐다는 것이다. 퀴리 부부는 말년에 진단하기 어려운 질병으로 고통받았다. 많은 양의 방사선에 노출되었기 때문이다. 치명적인 해

물리보다 재미있는
노벨상 이야기

를 입힐 만한 양의 방사선 물질이 입을 통해서 체내로 들어갔을 것이다. 결국 퀴리부인은 1934년 67세로 백혈병으로 죽는다. 퀴리부인의 생명을 담보로 한 헌신적인 노력에 대해 부족하지만 노벨상은 보답을 했다. 노벨상의 가치가 여기에 있는 것이다.

생명현상은 노벨상의 영원한 주제

생명의 기본단위는 세포다. 인체 내 세포 속에서 수천수만 가지의 화학적 반응이 일어나며 그 현상으로 우리의 생명은 유지된다. 세포는 모든 유기체의 기본 구조이며 활동 단위이다. 박테리아 등의 일부 유기체는 세포 하나로 이루어진 단세포 생물이다. 세포란 용어는 1665년 로버트 훅이 코르크 세포를 보고 수도승이 살던 작은 방에 비유한 데서 유래하였다. 인간을 포함한 다른 유기체는 다세포 생물이다. 인간의 경우 대략 100조 개 이상의 세포로 구성되어 있는데, 이러한 세포 이론은 1839년 마티아스 슐라이덴과 테오도르 슈반이 확립하였다. 그의 이론은 모든 유기체는 하나 이상의 세포로 구성되어 있으며, 모든 생명 활동의 기본은 세포를 기반으로 한다는 것이다. 또한 세포는 스스로의 기능을 정의하고 다음 단계로 정보를 넘겨주기 위해 어떠한 방식으로든 유전자 정보를 가지고 있다는 것을 밝혀내었다.

모든 세포는 유전자를 가지고 있는 DNA와 효소 등의 단백질을 유전자로 발현시키는 데 필요한 정보를 가진 RNA를 가지고 있다. 즉, DNA와 RNA라는 두 가지의 유전 물질이 존재한다.

대부분의 유기체의 정보는 DNA를 통해 저장된다. 일부 바이러스는 RNA를 통해 유전정보를 저장하며, 각 유기체에 해당하는 정보는 DNA나 RNA의 순서에 따라 암호화되어 저장된다. 또한 RNA는 mRNA와 리보솜 RNA를 통해 정보 전달과 효소 합성 등에도 사용된다. 그렇다면 이러한 생명세포의 기본이 되는 DNA는 어떻게 발견되었을까? 양자역

물리보다 재미있는
노벨상 이야기

학의 기본이 되는 슈뢰딩거 방정식을 만든 에르빈 슈뢰딩거가 당시 쓴 〈생명이란 무엇인가?〉라는 책에서 유전자야말로 생물 세포의 핵심적인 성분이며 모든 생명현상의 이해는 이 유전자에 의해서 시작된다고 주장했다. 이 이론은 당시 많은 학자들에게 영향을 끼쳤다. 슈뢰딩거의 영향을 받은 캘리포니아 공과대학의 라이너스 폴링이 처음으로 단백질의 구조를 밝혀내게 된다.

폴링은 뢴트겐이 발견한 X선을 이용하여 단백질의 결정을 분석해 냈다. 그 결과 단백질은 하나의 고리로 연결된 수소 결합이라는 것이 최초로 밝혀졌고, 단백질과 핵산은 둘 다 1차원적인 실 모양의 고분자임을 알아냈다. 폴링이 성공적으로 단백질의 구조를 밝혀내자 그 당시 많은 과학자들도 열성적으로 이 문제에 도전했다. 새로운 과학의 발견은 항상 새로운 도전에서 시작된다.

이때 같은 문제에 도전하던 또 하나의 연구팀이 있었다. 영국의 케임브리지 대학의 캐번디시 연구소의 제임스 왓슨과 프란시스 크릭이었다. 이들도 역시 슈뢰딩거의 〈생명이란 무엇인가?〉라는 책에서 영향을 받았다. 이들은 연구소에서 찍은 DNA의 X선 해석사진과 폴링의 화학 결합 이론을 이용하여 연구에 매진하였다.

이들 두 연구 그룹 사이에 치열한 경쟁이 벌어졌다. 폴링과 비고할 때 왓슨과 크릭은 경험으로나 학문의 깊이로나 비교가 되지 않는 상대였지만 열심히 하는 사람들에게는 항상 똑같은 기회가 주어지는 곳이 과학의 세계이다. 폴링의 연구결과는 DNA 구조가 삼중나선구조라는 것을 만들어 냈다. 하지

만 왓슨은 DNA가 이중나선구조라는 모형을 발표했다. 그 당시 폴링은 DNA가 산성이라는 사실을 미처 생각하지 못했던 것이다. 이중나선구조 모형은 단백질의 나선구조와 마찬가지로 실 모양으로 생긴 DNA 분자 2개가 수소 결합을 통해서 나선 모양으로 꼬여 있는 구조였다. 이 2개의 고리는 네 가지의 염기 배열에 의해 연결되어 있었다. 바로 그 염기 배열 사이를 수소 결합이 연결하고 있는 구조인 것이다.

왓슨과 크릭의 연구결과는 DNA의 구조만을 밝혀냈다는 데 있지 않다. 이들은 더 나아가 유전현상에까지 해답을 얻어냈다. DNA의 이중나선이 각각 하나로 풀어져서 또다시 새로운 이중나선구조의 DNA를 만들어 낸다는 것이다. 이것은 복제된 도장과 같이 작동을 한다. 당과 인산이 반복되어 있는 고분자의 고리가 도장과 같은 것이며, 이들을 연결하는 네 가지의 DNA 염기가 도장의 무늬 같은 역할을 한다. 이 염기의 배열은 DNA가 복제될 때 정해진 상대와 결합함으로써 원래 것과 똑같은 DNA가 하나 더 복제되는 것이다.

이로써 생물학에서 멘델이 유전법칙을 발견한 이후 최대의 발견이 이루어졌다. 왓슨과 크릭에 의해 생명현상을 밝히는 실타래가 풀린 것이다. 양자역학의 창시자 슈뢰딩거의 '생명이란 무엇인가?'라는 질문에 대한 답이 제시되었다.

제임스 왓슨은 1947년 시카고 대학에서 동물학을 공부한 후 인디애나 대학에서 박테리아 바이러스에 X선을 쪼여 변화를 관측하는 일로 박사 학위를 받았다. 학위를 받고 국립연구재단에서 장학금을 받아 덴마크의

코펜하겐에서 단백질의 화학적 구조를 연구했다. 이것이 계기가 되어 옥스퍼드 대학의 모리스 윌킨스를 만나 DNA의 X선 회절 사진을 보게 되었다. DNA의 X선 회절 사진에 매료된 왓슨은 DNA 연구를 통해 '생명이 무엇인가' 라는 해답을 얻을 결심을 하고 윌킨스와 공동 연구를 해보려고 했으나 성사되지 못했다.

그는 당시 X선 회절연구의 메카였던 케임브리지로 가서 DNA의 구조 연구를 시작하였다. 자신의 아이디어도 좋지만 자신이 원하는 X선 장치가 있는 곳이 필요했기 때문이다. 그는 1953년 25세에 드디어 DNA의 이중나선구조 모형을 발표한다. 그 후 그는 프란시스 크릭, 모리스 윌킨스와 공동으로 1962년 노벨 생리학 및 의학상을 다시 수상하는 영예를 안았다.

왓슨과 DNA 공동 연구자인 프란시스 크릭은 런던의 유니버시티 대학에서 물리학을 공부했다. 대학원에 입학하자마자 제2차 세계대전이 일어나 학업을 중단하고 해군 연구소에 들어가 다른 과학자들과 함께 무기개발을 했다. 전쟁 중 그는 기뢰 제작에 관한 연구로 크게 명성을 얻었다.

전쟁이 끝난 후 그는 슈뢰딩거의 영향을 받아 물리학보다는 생물학을 공부해야겠다는 생각을 하게 된다. 1947년 캐번디시 연구소에 들어가 박사학위 과정을 시작한 그는 단백질과 헤모글로빈의 구조 연구를 하던 중, 미국에서 DNA 연구를 위해서 온 23세의 젊은 왓슨을 만나게 된다. 왓슨과 곧바로 의기투합하여 전공인 물리학적 사고방식을 통해 DNA 연구에 접근했다. 즉, 문제를 논리적이고 이론적인 체계를 세워서 해결해 갔다. 그는 이중나선구조가 밝혀진 뒤에도 DNA에서 RNA로, RNA에서 단백질로 정보가 전달

되지만 그 반대 통로로의 정보전달은 없다는 소위 센트럴도그마 이론을 만들
어 내며 분자생물학의 발전에 여생을 바쳤다.

생명에 대한 것은 인간에게 가장 중요한
주제인지 모른다. 끝없이 연구가 전개될 이 주제는
앞으로 많은 노벨상이 주어질 분야임이 틀림없다.
한 물리학자의 '생명이란 무엇인가'에 대한
질문을 시작으로 뢴트겐이 발명한 X선을 이용하여
생명현상 기본구조가 밝혀진 것이다.
이렇듯 과학은 서로 다른 분야가 서로 융합하면서 발전한다.

물리보다 재미있는
노벨상 이야기

물질의 가장 작은 단위는 무엇일까? 물질에 대한 기본 단위는 물리학자들에게 가장 중요한 문제였다.

닐스 보어는 1913년 새로운 원자론을 제안했다. 현대물리학의 핵심인 양자역학의 발전을 이루는 시발점을 마련한 것이다. 그리고 원소의 주기율표에 대한 현대적인 해석이 가능한 기본적인 원자론을 탄생시켰다. 보어의 원자론은 고전전자기학적 논의와 새로운 양자론적 논의가 서로 혼합된 이론으로 양자역학의 기본적인 이론을 마련했다.

19세기 말부터 과학자들은 물질의 최소 단위인 원자의 구조와 원소의 주기율적 성질을 설명하기 위해 다양한 연구와 다양한 모형을 개발했다. 지금은 쉽게 원자를 현미경으로 볼 수 있는 시대지만 당시에는 다양한 모델로서 원자의 모형을 추측했다. 19세기 말부터 다양한 형태의 원자모형을 고안했던 톰슨은 그 당시 제기된 토성과 같은 원자모형이 지니는 불안정성을 극복하기 위해 새로운 원자도형을 만들어 냈

다. 우선 그는 양전하가 원자 전체에 걸쳐 있고, 전자들이 양전하 안과 밖으로 돌아다니며 돌고 있는 원자모형을 제안한 것이다. 이 모형을 흔히들 푸딩 위의 건포도처럼 양전하가 물질 속에 박혀 있는 것처럼 보인다 해서 '푸딩모델' 이라고 부른다. 그러나 이러한 원자모형은 나중에 자신의 제자인 러더퍼드에 의해 부정된다. 톰슨의 원자모형은 토성 원자모형에 비해 역학적인 안정성을 확보할 수 있다는 장점이 있었다. 그래서 톰슨은 자신이 만든 원자모형으로 원소의 주기율적 성질과 화학적으로 나타나는 다양한 현상을 설명하려고 했다. 그리고 톰슨은 음극선관을 제작하여 전하가 질량을 가지고 있다는 것을 발견했다. 전하의 존재를 확인한 것이다. 그는 음극선이 지나는 곳에 수직으로 두 장의 금속판을 놓고 전극을 가한 후 음극선이 도착하는 유리벽에 형광물질을 발랐다. 두 전극의 금속판에 전기장을 가하면 음극선이 위아래로 구부러진다는 것을 알아냈다. 그리고 마지막으로 전자가 도착하여 형광을 내는 것을 확인했다. 또한 두 금속판 대신에 자기장을 가해도 음극선이 구부러진다는 것을 발견했다. 이로써 전자의 존재가 밝혀진 것이다.

1987년 톰슨은 논문을 통해 전기를 띠고 있는 입자이론을 세웠다. 즉, 전기와 자기력을 이용하여 전하의 질량과 전하의 비를 측정하는 데 성공한 것이다. 그리고 이 전하들은 음극이나 양극을 구성하고 있다

물리보다 재미있는
노벨상 이야기

는 것을 밝혀냈다. 또한 이것이 모든 물질의 기본요소가 되는 전자라는 것도 발견하였다. 그는 이 공로를 인정받아 1906년 노벨 물리학상을 수상했다.

닐스 보어의 원자모형과 노벨상

러더퍼드는 톰슨의 모형과는 다른 원자모형을 제안했다. 러더퍼드 원자모형은 일본의 나카오카 한타로의 토성 원자모형을 개조한 것이었다. 이 모형이 지니고 있는 가장 큰 문제점은 역학적으로 해석하기 어렵다는 점이었다. 하지만 뒤이어 보어는 러더퍼드 모형이 가지는 역학적인 불안정성을 극복하기 위해 새로운 원자모형을 제안했다. 러더퍼드의 원자모형을 이용해 완성한 것이다. 이 과정에서 정상 상태 개념과 양자화된 궤도를 가정하는 보어의 원자모형이 등장하게 되었다. 러더퍼드의 역할이 없었으면 불가능한 일이었다. 보어의 원자 모델로 물질의 기본 단위인 원자에 대한 연구가 활발히 진행되었다. 보어의 존재는 물리학 발전에 매우 중요한 위치를 갖는다. 그의 존재가 양자 물리학 발전의 역사인 것이다.

보어는 1903년 코펜하겐 대학에서 물리학을 공부하기 시작했다. 1907년 물의 표면장력에 관한 논문으로 덴마크 왕립 과학과 인문 아카데미에서 금메달을 받는 등 학생시절부터 물리학 분야에서 탁월한 능력을 보이기 시작했다. 코펜하겐 대학에서 보어는 당시 문제가 되고 있었던 금속 내의 전자이론에 대해서 논문을 썼다. 이 연구에서 그는 당시 맥스웰과 로렌츠가 설명했던 고전전자기학만으로는 금속 내의 전자이론이 불완전하다는 것을 밝혀냈다. 그해 보어는 전자의 발견자로 알려져 있는 톰슨 밑에서 연구하기 위해 영국의 케임브리지 대학으로 갔지만, 노벨상 수상으로 바쁜 몸이 된 톰슨의 무관심으로 인하여 보어는 러더퍼드와 함께 연구를 하고자 다시 맨체스터로 옮겼다. 이것이 인연이 되어 1913년 보어는 러더퍼드와 연구를 시작해 자신의 원자모형을 제안하게 된 것이다.

초기 보어의 원자모형은 상당히 엉성했다. 정량적이라기보다는 정성적인 측면이 강했다. 그래서 처음에는 좀머펠트, 마델룽과 같은 과학자들이 보어의 원자모형에 대해 깊은 회의를 나타냈다. 보어의 원자모형이 수용되는 데에는 제1차 세계대전의 발발이 커다란 역할을 했다. 전쟁이 터지자 많은 과학자들이 전쟁터로 나가게 되어 정상적인 과학 활동이 사실상 중단되었고, 이 와중에 많은 약점을 지니고 있던 보어의 원자모형이 자신의 체계를 정비할 수 있는 시간적 여유를 벌게 된 것이

다. 원자모형에 대해서 회의적이었던 좀머펠트가 재정비에 큰 역할을 했다. 좀머펠트는 나이가 많아 전쟁에 동원되지 않은 것이다.

1915~1916년에 좀머펠트는 보어의 원자론에 타원궤도와 자신의 새로운 양자조건을 도입하여 수소원자의 미세구조를 해명하고, 수소 스펙트럼 문제를 거의 환상적일 정도로 정확히 풀어내었다. 보어의 원자이론은 비로소 많은 과학자들 사이에서 보어-좀머펠트 모형이라는 이름으로 수용되었다.

보어의 원자모형을 실험적으로 확증한 프랑크와 헤르츠

1914년 제임스 프랑크와 구스타프 헤르츠는 전자를 수은증기의 원자에 충돌시키는 실험을 했다. 이 실험에서 수은 원자가 4.9eV(전자볼트)만큼의 에너지를 단계적으로 흡수하는 것을 발견했다. 보어의 원자모형을 확증하는 실험을 한 것이다. 하지만 당시 프랑크와 헤르츠는 보어의 원자의 정상 상태에 대한 개념을 알지 못한 채 이 실험을 했다. 즉 프랑크와 헤르츠의 실험은 전자와 원자의 충돌 실험을 하는 과정에서 얻어진 결과였다. 하지만 그들의 실험 결과는 매우 중요한 사실을 가지고 있었다. 전쟁이 끝난 뒤인 1919년 프랑크와 헤르츠는 보어의 원자모형에 대한 논의를 접하게 되었고, 자신들의 실험이 바로 보어의 원자모형을 확증하는 실험이라는 것을 알게 되었다. 1925년 그들은 보어의 원자모형을 실험적으로 확증한 공로로 노벨 물리학상을 받았다.

공간모형과 보어의 두 번째 원자론

1920년 이후 보어는 자신이 초기에 제안했던 고리 원자모형의 한계를 인정했고, 1920년부터 1923년까지 3차원적인 전자배치를 가진 새로운 원자모형을 발전시켜 두 번째 원자론을 제시했다. 그는 두 번째 원자론에서 대응원리와 단열원리를 바탕으로 더욱 심화된 원자모형에 관한 논의를 전개하였다.

대응원리는 1920년을 전후하여 보어가 자신의 초기 원자론의 문제점을 개선하고 원자의 스펙트럼의 진동수뿐만 아니라 강도에 대한 논의까지도 가능하게 만들기 위해 제안했던 것이다. 미시적 세계를 기술하는 새로운 양자이론은 극한에 있어서 거시적 세계를 기술하는 기존의 고전역학과 일치한다는 이 원리는 1913년 논문을 통해 이미 밝혔다. 하지만 보어는 논문에서 자신이 사용한 방법에 대해 구체적으로 언급하지 않았으며 이것을 일반적인 논의로 확대하려고 시도하지도 않았다.

1920년 이후 보어가 다시 제안한 이 대응원리는 과학자들 사이에서 받아들여졌다. 그때까지는 설명할 수 없었던 새로운 양자현상에 대한 설명을 찾아내는 데 좋은 도구가 되었다. 1922년 말에 이르러 보어-

좀머펠트 고전양자론은 원자구조를 해명할 수 있는 가장 신뢰성 있는 이론으로 자리잡게 됐다. 하지만 당시의 논의로 그 이론은 다시 부정된다. 과학은 완벽한 진리를 위해 부정과 부정을 통해 발전해 온 것이다. 1923년 초부터 보어-좀머펠트 모형은 심각한 위기에 봉착했다. 그리고 이를 극복하기 위해 새로운 양자역학 체계인 행렬역학과 파동역학이 등장하게 되었다.

헬륨 문제와 고전양자론의 위기

완벽하게 설명할 수 없었던 보어-좀머펠트의 고전양자론은 헬륨 원자의 문제를 해결하려는 과정에서 심각한 위기에 봉착하게 되었다. 보어의 원자론은 수소 원자 스펙트럼 문제는 아주 성공적으로 설명했지만 간단한 원소인 헬륨 원자에 대해서는 잘 설명할 수 없었던 것이다. 1913년 보어의 초기 원자모형이 나올 당시 보어 자신도 중성 헬륨에 대한 논의를 시도했다. 하지만 그때에는 그것을 확인할 실험적 결과가 충분하지 않았다. 그러나 1920년경 제임스 프랑크 등과 같은 실험 물리학자들의 연구를 통해서 헬륨 원자의 이온화에너지를 비롯한 많은 실험적 결과들이 얻어졌다. 그리고 이러한 실험적 결과가 보어-좀머펠트의 고전양자론에 의한 이론적 결과와 부합되는지를 확인하기 위한 철저한 검토 작업이 진행되었다.

보어의 원자론이 그 다음으로 간단한 원소인 헬륨 원자를 잘 설명할 수 있는지 하는 문제는 매우 중요한 과학적 숙제였다. 1920년대 초에 막스 보른은 자신의 공동연구자들과 함께 푸앵카레의 천체역학을 이용해서 이 어려운 문제를 꼼꼼히 풀어나간 결과 기존의 방법론으로는 불충분하다는 결론을 얻는다.

이로써 1923년 초부터 제기되어 온 고전양자론이 위기를 맞는다. 고전양자론이 위기를 받는 상황이었지만 1922년 보어는 자신이 예언한 원소인 하프늄(Hf)의 발견 소식을 전해 듣는 극적인 상황을 연출하면서 노벨 물리학상을 수상했다.

보어의 역할로 고전양자론의 문제가 극복되었고 새로운 양자역학의 세계가 열리게 된 것이다. 보어의 고전양자론은 새로운 과학의 발전을 여는 데 커다란 공헌을 했다. 이렇듯 과학은 검증을 거치면서 발전해 왔다.

왜 초전도체 연구에서 계속 노벨상 수상자가 나오는 것일까?

고온초전도체를 발견한 공로를 인정받아 연구 결과를 발표한 지 1년 안에 노벨상을 수상한 베드놀즈 박사와 뮬러 박사가 있다. 초전도체는 응집 물질을 연구하는 물리학자들에게 지속적인 관심대상이었던 가장 중요한 물질 중 하나였다. 저항이 없는 물질의 발견은 인류의 꿈이기도 하다.

초전도체의 역사는 1911년 오너스의 발견으로 시작된다. 그 후 초전도현상은 획기적인 발견이 이루어질 때마다 노벨상이 어김 없이 주어졌다. 그만큼 중요한 분야이기도 하지만 앞으로 응용 분야가 커 인류 발전에 공헌할 분야이기 때문이다.

1913년 오너스 교수가 액체 헬륨 온도에서 초전도현상을 발견한 공로로 노벨상을 수상했고, 그 후 1972년 바딘, 쿠퍼, 슈리퍼가 BCS이론이라고 불리는 초전도체의 이론을 발표하여 노벨상을 수상하였다. 이론은 발표한 세 사람의 이름의 알파벳 첫 글자를 따 BCS라 불리운다. 그리고 1973년 영국의 조셉슨이 초전도체에서의 조셉슨 효과를 발견하여 초전도체의 응용의 길을 열어 그 공로로 노벨상을 수상하였다. 이어 1987년 스웨덴의 베드놀즈와 뮬러가 산화물 고온초전도체의 발견으로 초전도체에서 네 번째로 노벨상을 수상하였다. 앞으로도 고온초전도체이론과 더 높은 고온초전도체가 발견된다면 분명 노벨상을 받게 될 것이다.

고온초전도체현상은 물리적인 현상 자체로도 매우 흥미 있는 주제지만 실용적 응용으로 실생활에 혁명을 가져올 정도로 중대한 기술이다. 전기저항이

없는 전선이나 전자기기들을 만들 수 있다면 전력소비가 획기적으로 줄어들게 된다. 즉, 에너지 소비가 획기적으로 줄어든다는 것이다. 초전도 물질로 만든 전기송전선은 발전소로부터 일반 가정까지 중간 손실을 없애고, 전기에너지를 효율적으로 저장할 수 있다. 또한 전기모터를 사용하는 모든 수송기기와 가전제품들에서 사용하는 전기량을 획기적으로 감소시킬 수 있다. 이처럼 제2의 산업혁명의 계기가 될 수 있기 때문에 응용 면에서 각광을 받고 있다.

또한 에너지를 생산할 때 만들어지는 각종 공해를 줄일 수 있다. 고온초전도체의 응용은 분명 우리의 삶을 또 다른 차원으로 이끌 것이다.

아직까지는 상온에서 사용될 수 있는 실용적인 고온초전도체는 발견되지 않았지만, 베드놀즈와 뮬러의 발견은 그 가능성을 높였다.

고온초전도체를 발견한 베드놀즈는 대학교 4학년 때 교수의 추천으로 스위스에 있는 IBM연구소에 3개월간 하계 연구학생으로 가게 되었는데, 이 인턴십 과정이 그에게 중요한 터닝 포인트가 되었다. 그곳에서 당시 물리 부장이었고, 후에 노벨상 공동 수상자가 된 뮬러를 만난 것이다. 뮬러는 스위스 연방 공과대학의 교수를 겸임하고 있었는데, 뮬러 교수의 권고로 베드놀즈는 초전도현상에 관심을 가지게 되었다. 1973년 이래로 금속 화합물에서 초전도체의 전이온도 23.3K 이상은 발견되지 않은 이유도 있었다. 여러 가지 노력을 했지만 1985년까지는 큰 성과를 얻지 못했다. 그러나 Ba-La-Cu 산화물이 영하 100도와 실온 사이에서 페로브스카이트 구조를 가지며 금속과 같

물리보다 재미있는
노벨상 이야기

은 전기전도도를 가진다는 것을 알게 된 후, 연구는 급진전되었다.

산화물 구성요소 중 바륨(Ba)과 란탄늄(La)의 비율을 조금씩 바꾸어 가면서 전기저항을 측정했는데, 냉각을 시키는 도중에 금속과 같은 성질이 감소하더니 다시 온도를 내리자 초전도 성질을 보이는 것을 발견했다. 절대온도 30K 근처에서 비저항이 급격하게 감소하더니 11K에서 저항이 없어졌다. 시료의 성분을 약간 조종해 다시 측정해 보니 전이온도가 35K로 올라갔다. 이것은 당시 가장 높은 전이온도를 갖는 것으로 알려져 있던 금속 간 화합물 Nb_3Ge 초전도체보다 더 높은 것이었다. 그 후 여러 가지 조성을 바꾸어 본 결과 Ba-La-Cu-O 계열의 산화물에서 초전도현상을 나타내며 초전도를 보이는 전이온도가 급격히 올라간다는 것을 알게 되었다.

이 일이 진행되고 있던 1986년 10월경, IBM연구소 안에서 나노구조를 볼 수 있는 주사형 원자 현미경의 발명으로 노벨 물리학상을 수상하는 일이 일어났고, 베드놀즈와 뮬러가 산화물 고온초전도 물질의 발견으로 다음 해 노벨 물리학상을 수상하게 됐다. IBM연구소는 2년 연속 노벨상을 받는 기록을 세운 것이다. 같은 연구소에서 연속적으로 위대한 업적을 낟다는 것은 쉽지 않은 일이다.

베드놀즈와 뮬러 교수의 고온초전도체의 발견으로 많은 과학자들이 고온초전도체 연구에 뛰어들게 되었다. 수많은 과학자들의 집중적인 연구로 1986년 산화물 고온초전도체의 임계온도가 92K까지 올라갔다. 이 온도는 액체 질소온도 77K에서도 작동될 수 있는 것으로 응용 면에서나 경제적인 면에서 매우 큰 의미를 갖는다. 왜냐하면 액체 질소는 액화공기에서 산소를 얻고 난

후 대량으로 만들어지는 부산물이며, 가격적인 면에서 매우 저렴하다.
산화물 고온초전도체는 전류 밀도가 크지 않아서 대규모의 공업적 이용에는
아직까지 문제가 되고 있지만 앞으로 해결되어 활발한 응용이 이루어질 것으
로 예상된다. 새로운 고온초전도체의 발견을 기대해 본다.

물리보다 재미있는
노벨상 이야기

트랜지스터의 발견과 노벨상

반도체가 없는 우리 주변을 상상해 보자. 지금 우리 주변에 반도체로 만들어진 물건이 사라진다면 아마도 세상은 무척 단순하게 변할 것이다. 반도체의 발견은 세상의 흐름을 바꾸었다.

처음으로 반도체를 만들 수 있다는 가능성을 보여준 주인공은 미국의 과학자 쇼클리였다. 그는 바딘, 브래튼과 함께 트랜지스터의 개발로 1956년 노벨 물리학상을 수상하였다. 그가 개발한 트랜지스터는 당시 부피가 크고 비효율적이었던 진공관을 사라지게 만들었다. 트랜지스터를 통해 초소형화된 전자공학의 시대를 연 것이다.

노벨상을 함께 수상한 바딘은 제2차 세계대전 당시 워싱턴에 있는 미 해군병기연구소에서 수석물리학자로 중요한 역할을 했다. 전쟁이 끝난 뒤 벨 전화연구소에 들어가 그곳에서 반도체의 전자 전도 특성을 연구했고, 이 연구는 트랜지스터의 발명으로 이어졌다. 그는 또 1957년

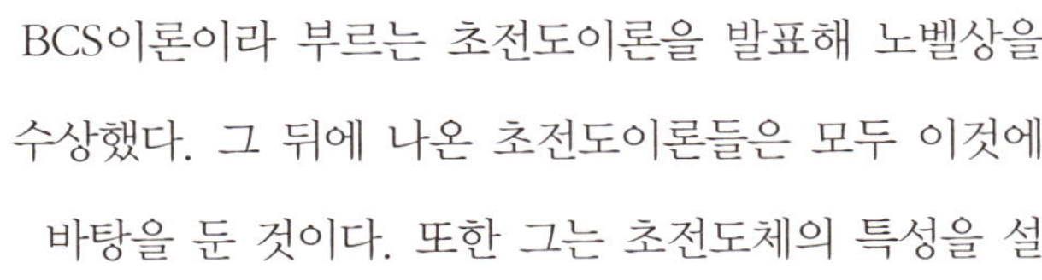

BCS이론이라 부르는 초전도이론을 발표해 노벨상을 수상했다. 그 뒤에 나온 초전도이론들은 모두 이것에 바탕을 둔 것이다. 또한 그는 초전도체의 특성을 설명하는 기초적인 학설을 만들어 두 번째 노벨 물리학상을 수상했다.

실험 분야와 이론 분야에서 노벨상을 모두 받은 경우는 아마도 바딘이 처음일 것이다. 그리고 브래튼은 고체의 표면 특성들을 연구했는데 특히 반도체 표면에서 물질의 원자구조에 관한 연구를 수행하였다.

트랜지스터는 일반적으로 전기적인 신호를 증폭하는 기능을 한다. 여기서 증폭이란 미약한 전기신호를 큰 전압과 전류로 만들어 주는 것을 말한다. 라디오와 같이 방송국에서 보낸 전파에서 뽑아낸 전기신호는 매우 약하다. 따라서 필요에 따라 우리가 크게 들을 수 있도록 소리를 크게 만들어 줘야 한다. 이것이 바로 트랜지스터를 이용한 증폭기능의 역할이다. 흔히 우리가 앰프라고 하는 오디오기기는 증폭작용을 하는 장치다. 최근 사용이 활발해진 디지털기기 속에서 트랜지스터는 증폭기능뿐만 아니라 제어기능도 한다. 작은 전기신호를 이용해 큰 신호를 제어할 수 있게 되면서 다양한 전기신호를 컨트롤할 수 있게 되었다.

쇼클리, 바딘, 브래튼이 함께 발명한 트랜지스터는 물리학이 인간의 삶의 질을 높일 수 있다는 가능성을 보여준 대표적인 발명품이다. 또

한 근본적인 이론물리학 시대에서 응용물리학 시대로 발전의 방향을 이끌었다.

많은 노벨상을 가져다준 레이저의 발명

축제 무대의 조명이 꺼지고 레이저가 밤하늘을 수놓는다. 아름다운 레이저 불빛에 사람들은 환호한다. 물리학자들의 실험실에 놓여있던 레이저가 우리의 생활 속으로 다가온 대표적인 사례다. 이 밖에 레이저는 우리 생활 곳곳에서 사용되고 있다. 레이저를 이용한 수술뿐 아니라 거대한 철판을 자르고 용접하는 로봇 레이저의 출연 또한 분명 우리의 삶을 풍요롭게 해주었다.

레이저를 발병한 과학자는 미국의 물리학자 찰스 타운스다. 그는 1951년 컬럼비아 대학 교수로 있던 시절 진공관으로는 단들 수 없는 매우 높은 주파수의 전자파를 찾으려고 노력했다. 이를 만들 수만 있다면 물리학과 화학에 크게 기여할 것이라고 생각했기 대문이다. 그에게 연구의 실마리를 제공했던 것은 1917년 아인슈타인이 제기했던 전자파의 유도방사법칙이었다. 원자는 전자파가 자극하면 그와 똑같은 진동수와 방향을 가진 파장을 내놓는다는 이론인데, 이 이론은

1924년에 이미 실험적으로 증명됐다.

들뜬 에너지 상태의 원자가 낮은 에너지 상태의 원자보다 많을 때 특정 파장의 전자파를 충돌시키면 전자파는 강화된다는 것으로 이는 바로 레이저의 기본 원리다. 목표로 했던 물질은 암모니아 분자인데, 암모니아는 높은 에너지준위에서 낮은 에너지준위로 내려올 때 약 1.25cm의 마이크로파를 내놓는다. 만약 암모니아가 1.25cm의 파장을 갖는 마이크로파를 흡수하면 높은 에너지준위로 올라갔다가 내려오면서 처음 충돌시켰던 것과 같은 방향으로 마이크로파를 내놓게 된다. 보통의 경우 마이크로파를 충돌시키면 높은 에너지준위로 올라가는 것이 낮은 에너지준위로 내려오는 것보다 많지만 모든 암모니아 분자가 높은 에너지준위에 있을 때라면 미세한 마이크로파로 충돌시키더라도 비슷한 마이크로파를 발생시킬 것이다.

타운스는 암모니아의 특성을 이용해 1954년 진공관에서 만들어 낼 수 없었던 메이저라는 장치를 개발했다. 메이저는 마이크로파에 의해 유도방출된 증폭이란 뜻으로, 빛을 이용해 증폭했다면 레이저가 됐을 것이다. 즉, 메이저는 레이저를 발명하기 전의 발명인 셈이다.

타운스가 개발한 메이저는 증폭 기능이 뛰어났기 때문에 장거리통신과 우주에서 오는 마이크로파를 포착하는 데 이용됐다. 같은 시기에 러시아 레베데프물리학연구소에 근무하던 니콜라이 바소프와 알렉산드르 프로호로프도 암모니아 메이저를 개발하는 데 성공했다. 결국 타운스는 바소프, 프로호로프와 공동으로 1964년 노벨 물리학상을 수

물리보다 재미있는
노벨상 이야기

상했다.

타운스 이후 레이저 관련 발명으로 여러 명의 과학자들이 노벨상을 수상했다. 데니스 가보르는 레이저광을 이용한 홀로그래피를 발명해 1971년 노벨 물리학상을 받았고, 벨연구소의 아노 펜지어스와 로버트 윌슨은 1964년 메이저 증폭기를 사용해 빅뱅이 일어났을 때 생긴 마이크로파를 발견함으로써 1978년 노벨 물리학상을 받았다. 그리고 타운스와 함께 레이저를 발명했던 아서 숄로는 레이저를 이용한 분광학을 발명함으로써 비선형광학 분야에 여러 업적을 남긴 블룸베르겐과 함께 1981년 노벨 물리학상을 받았다.

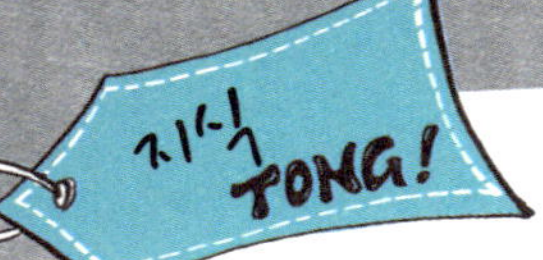

40년만에 노벨상을 수상한 과학자 카피차

연구결과를 낸 지 40년이 지난 후에야 노벨상을 수상한 물리학자가 있다. 러시아 출신의 물리학자 카피차다. 그는 상트페테르부르크 공과대학에서 전기공학을 전공한 후 강사로 일하다가 27세 때 영국으로 유학을 떠나 케임브리지 대학의 캐번디시 연구소에서 일했다.

이곳에서 당시 연구소 소장이던 러더퍼드와 함께 많은 연구를 수행하며 캐번디시 연구소를 이끌어가다시피 했다. 처음에는 핵물리학을 연구했지만 그의 이름이 붙은 베타선에너지 측정기를 만들 정도로 왕성한 연구를 수행했다. 그러나 그는 원래 공학을 공부했기 때문에 기술 쪽에 더 많은 관심을 가지고 있었다. 그는 자신의 기술적 능력을 살려 원자의 성질을 연구할 수 있는 강력한 자기장을 만드는 전자석을 만드는 일에 착수했다. 몇 번의 실패 끝에 10만 암페어의 전류를 흘려 27만 가우스의 자기장을 갖는 세계에서 가장 강한 전자석을 만드는 데 성공했다.

캐번디시 연구소에는 입자가속기를 발견한 콕크로프트, 중성자를 발견한 채드윅, 전자를 발견한 톰슨, 그리고 상대론적 양자역학의 창시자 디랙 등이 있었는데, 카피차는 이들과 절친한 관계를 유지했다. 매주 화요일 저녁에 토론회를 열어 여러 가지 물리학 문제들을 토론하기도 했는데, 이 모임은 '카피차 클럽'이라는 이름으로 지금까지도 계속되고 있다.

카피차는 강자기장 속에서 금속의 전기저항을 측정하는 연구를 시작했다. 이것은 자연히 극저온을 만드는 기술과도 연결되었다.

그는 저렴한 값으로 액체 헬륨을 만드는 기계도 개발하였는데 이 장치는 나중에 콜린스 액화기로 상품화되었다. 그리고 백만장자 몬드로부터 거액의 기부를 받아 케임브리지 대학 안에 몬드연구소를 만들고 소장으로 취임하였다. 이 연구소의 현관 벽에는 고개를 돌릴 줄 모르는 악어의 음각이 설치되어 있다. 과학은 악어처럼 뒤를 돌아보지 않고 앞으로만 전력 질주한다는 의미라고 한다. 카피차의 체격이나 인상 그리고 일의 추진력이 바로 악어와 같은 인상을 주었기 때문에 심벌처럼 여겨졌다.

1933년 몬드연구소 개소식 때 있었던 유명한 일화 하나를 소개하겠다. 전 영국 수상이며 당시 케임브리지 대학 총장인 찰스 볼드윈이 참석했다. 테이프를 자르고 난 후 연구소의 이곳저곳을 안내하던 카피차는 건물이 튼튼하게 지어져 있다는 것을 은근히 자랑했다. 폭탄이 떨어지더라도 지붕 하나도 다치지 않는다고 설명을 한 것이다. 이 말을 들은 볼드윈은 정말로 그러하느냐고 반문했다. 카피차는 "저를 믿으세요. 저는 정치가가 아니니까요."라고 전직 수상에게 태연히 대답했다고 한다.

그는 왕립협회의 회원으로도 선출되어 연구자로서 명예를 얻었다. 해마다 여름이 되면 카피차는 자신의 조국인 구소련을 여행했다. 그러다 1934년 여름 구소련 여행은 영국으로 되돌아가지 못하는 여행으로 끝나버렸다. 구소련 정부가 그의 여권을 취소해 버린 것이다. 그전까지는 캐번디시 연구소가 영국 주재 구소련 대사의 귀환 보증서를 받고 여행을 했는데, 1934년 여행에서 이 과정이 생략되었던 것이 화근이었다.

영국은 발칵 뒤집혔고 다시 수상이 된 볼드
윈은 강력한 외교적 항의를 했다. 러더퍼드
는 소련 당국에게 카피차가 돌아와서 중요한
연구를 완결시킬 수 있도록 해달라고 편지를
보냈지만 모두 허사였다. 구소련 과학자는
국내에서 연구를 해야 한다는 간단한 회답만이
되돌아왔을 뿐이다. 카피차도 당시의 소련 수상
이던 몰로토프에게 새장에 갇힌 새는 울지 않는다는 강력한 표현을 써가며
항의했으나 허사였다. 그리고 앞으로 아무런 연구도 하지 않겠다고 버텼다.
1년여의 시비 끝에 소련 정부는 카피차가 케임브리지의 몬드연구소에서 사
용하던 기기 일체를 3만 파운드에 모조리 구입해 왔다. 구소련 입장에서는 카
피차가 귀중한 과학자였기 때문에 카피차만을 위해서 연구소를 새롭게 지어
준 것이다. 장소도 모스크바의 가장 좋은 자리를 골라 호화스럽게 신축해 주
었다. 연구소 명칭은 물리학 연구소였지만 사람들은 카피차연구소라고 불렀
다. 그는 1938년부터 이곳에서 극저온 연구를 수행해 초유체에 관한 연구논
문을 발표했다. 이 논문은 세계의 주목을 받게 되었다. 극저온 2.2K에서 액체
가 된 헬륨이 흐를 때 전혀 마찰력을 보이지 않아 액체 헬륨이 그릇 밖으로
저항 없이 흐른다는 기묘한 현상을 발견하였다. 이 연구를 통해 카피차가 후
에 노벨상을 받게 되었다. 그리고 이 현상을 이론적으로 설명한 구소련의 천
재 물리학자 란다우도 1962년 노벨 물리학상을 받았다.
1949년부터 카피차의 논문이 이상해지기 시작했다. 바람으로 파도가 일어나
는 이유 등과 같은 논문이 발표되었다. 그리고 고정점이 진동하는 진자의 진

물리보다 재미있는
노벨상 이야기

동 등 최고의 연구원이 있는 연구소에서 발표되는 논문으로서는 도저히 이해할 수 없는 논문들이 발표되었다. 이런 이해할 수 없는 일은 10년 동안 지속되었다.

이로 인해 카피차는 연구소장직을 박탈당하고 시골 별장에 가택 연금되었다. 전쟁에 사용될 수소폭탄의 개발에 참여하기를 거부했기 때문이다. 그는 정치적으로 분명한 입장을 밝혔다. 그는 구소련의 산업을 진흥시킬 수 있는 분야를 연구하기를 원했다. 그리고 구소련의 과학연구와 산업이 결합되는 정책을 써야 한다고 정부에 강력히 항의했다.

스탈린이 죽고 정치적 상황이 바뀌자 그는 다시 카피차연구소 책임자로 복귀하여 본격적인 연구를 진행하였다. 그는 스탈린 시대에서도 과학자의 양심을 지켰던 것이다. 이런 카피차에 대해 스탈린은 불편한 심기를 나타냈다. 카피차만이 할 수 있다고 믿었던 수소폭탄 제조를 거부하자 스탈린은 자존심이 상해 크게 격노했다. 카피차는 도덕적 이유를 들어 군사적 연구에 관여하지 않았다. 카피차는 과학자들에 대한 정부의 탄압에도 앞장서서 대항했다. 1930년대 말 유대인이었던 노벨상 수상자 란다우가 독일의 스파이 혐의로 갇혔을 때 정부에 대항해 란다우를 석방하지 않으면 연구소를 떠나 모든 연구에서 손을 떼겠다며 소련 정부를 위협했고, 결국 란다우는 석방되었다. 1973년에는 사하로프가 반핵운동과 인권운동으로 정치적인 탄압을 받기 시작하자 앞장서서 그를 변호했다. 또 구소련 과학원 회원 전원이 사하로프를 비난하는 정치적인 성명서를 채택할 때도 과학원의 원장으로서 서명을 거부했다.

그는 인류의 장래를 생각하는 양심적인 과학자였다. 그는 물

리학자 중 최고령 수상자로 84세에 노벨상을 수상했다. 노벨상 수상 주제는 헬륨의 초유체에 대한 연구였다. 그가 이 현상을 발견한 지 40년이나 지난 뒤였다. 그는 1984년 90세의 나이로 파란만장한 물리학자로서의 일생을 마칠 때까지 플라즈마 물리학을 연구했다.

물리보다 재미있는
노벨상 이야기

의료 영상기기 발전은 노벨상이 이끈다

대개 1년에 한 번 건강검진을 받는다. 건강검진을 통해 몸 구석구석을 진단해 혹, 종양이나 암이 있는지 살피는 것이다. 고령화 사회로 변해가는 지금, 건강에 대한 산업이 발전할 것은 분명하다.

X선이나 컴퓨터단층촬영인 CT, 자기공명 영상진단장비 MRI를 통해 몸속 뼈에 이상이 없는지, 장기에 암세포가 생겨났는지 등을 진단한다. 이렇게 몸 구석구석을 볼 수 있고 진단할 수 있는 의료 영상기기들의 눈부신 발전은 물리학의 발전과 함께해 왔다. 또한 의료 진단기기를 발견하고 개발한 물리학자들은 꾸준히 노벨상을 수상해 왔다. 앞으로도 이 분야에서 획기적인 개발이 이루어진다면 의료 영상기술에 대해 노벨상이 주어질 것이다.

의료기기로 처음 노벨상을 받은 사람은 뢴트겐이다. 그의 발견으로 의사들은 X선 사진을 통해 몸속을 들여다볼 수 있게 되었다. 인체 내부의 뼈나 장기는 각각 X선이 흡수되는 정도가 달라 사진처럼 선명하게 모습을 드러낼 수 있기 때문이다. 초기에 X선은 단순히 골절, 결핵, 폐렴 등을 진단하는 데 쓰였지만 제1차 세계대전 때 가슴, 팔, 다리 등에 박힌 총알을 제거하는 데 큰 공로를 세우면서 응용범위가 확대되었다.

하지만 X선 촬영 시 필름현상 과정에 유독한 화학물질이 사용되고 필름을 현상하는 데 많은 시간이 걸린다는 문제가 있었다.

요즘은 이런 문제점이 사라졌다. 디지털 X선 촬영장치가 사용되기 때문이다. 디지털 X선 촬영장치는 필름을 사용하는 대신 컴퓨터 모니터를 통해 영상을 보거나 병원 간 정보를 쉽게 교환하기도 한다.

의료 영상분야에서 두 번째 노벨상은 2차원 X선 영상을 3차원으로 발전시킨 컴퓨터 단층촬영 CT 진단기법을 발견한 영국의 전기 공학자인 고드프리 하운스필드에게 돌아갔다. 그는 컴퓨터 단층촬영 진단기법을 개발한 뒤 1972년에 임상실험에 성공했다. 이 공로로 1979년 미국의 앨런 코맥과 공동으로 노벨 생리의학상을 받았다.

컴퓨터 단층촬영 역시 뢴트겐이 발견한 X선을 이용한 것이지만, 필름에 감광시켜 얻는 일반적인 방사선 사진과는 달랐다. 원리적으로 컴퓨터 단층촬영은 인체의 한 단면 주위를 돌며 X선을 투시하여 인체를 통과하는 X선의 양을 측정한다. 따라서 인체 내부의 이상이 있는 부

분들의 밀도에 약간씩 차이가 나서 X선이 투사된 방향에 따라 흡수하는 정도가 서로 다르게 나타난다. 그래서 X선이 투과된 정도를 컴퓨터로 분석해 신체 내부 장기의 밀도를 분석하고 조사하여 내부의 자세한 단면까지도 영상으로 분석이 가능하다.

일반적으로 시용하는 X선 장치 사진은 2차원의 영상으로 자세한 내부의 정보를 얻는 데는 한계가 있지만, 컴퓨터 단층촬영은 선택한 단면의 3차원 모습을 보여주기 때문에 일반 X선 사진으로는 알아내기 힘든 신체 곳곳을 정확하게 진단할 수 있다. 더구나 컴퓨터 단층촬영은 재료를 파괴하지 않으면서 안전하게 검사할 수 있는 비파괴측정이 가능하다. 때문에 인체촬영은 물론 다양한 산업 분야에서도 이용된다. 각종 제품과 기계 부품, 설비 시설의 내부 모습이나 빈 공간을 조사할수 있다.

1980년대까지 컴퓨터 단층촬영은 단층 단면 촬영에 국한됐다. 그러나 1990년대 나선형 컴퓨터 단층촬영이 가능해졌다. 2000년대에는 다층 컴퓨터 단층촬영으로 발전했다.

나선형 컴퓨터 단층촬영장치는 환자를 360도 회전하며 측정하는 장치로 360도 전체에 대한 영상을 얻을 수 있다. 다층 컴퓨터 단층촬영은 한 번에 4개의 단면에 X선을 주사하여 더욱 많은 영상정보를 얻을 수 있다. X선과 컴퓨터 단층촬영장치는 빛이 몸속을 직진하는 성질을 이용해 질병이나 몸의 상태를 진단하는 장치다. 그러나 두 장비 모두 미량이라고는 하지만 인체에 유해한 방사선이 노출된다는 문제가 있다.

이러한 문제점을 극복할 수 있는 장치로 자기공명 영상진단장치가 개발되었다. MRI라 불리는 자기공명 영상진단장치는 방사선을 사용하지 않는 새로운 영상장비로 강력한 자석을 인체에 갖다 대어 몸속에 자성에 반응하는 자성을 분석해 영상을 얻는 원리다. 몸의 70%를 차지하는 물 분자 속의 양성자인 수소 원자핵이 존재하기 때문에 가능한 장치다. 또한 인체 내부는 내부조직에 따라 물의 분포가 약간씩 다르다. 종양과 같이 문제가 있는 부위는 정상 조직에 비해 물의 함량이 달라진다.

인체를 자기공명 영상진단장치의 강력한 자기장 속에 놓고 수소 원자핵만 공명시키는 고주파를 순간적으로 발사한다. 이때 해당 조직의 수소 원자핵이 고주파를 흡수하게 되고 고주파를 끊으면 수소 원자핵이 다시 고주파를 방출한다. 이 고주파를 받아 영상으로 처리하는 장치가 자기공명 영상진단장치다. 이 장치를 개발한 미국의 폴 로터버와 영국의 피터 맨스필드는 수학적인 방법을 통해 사람의 몸에서 나오는 신호를 분석할 수 있는 방법을 개발했다. 또 자기장에 공명하는 물 분자의 신호를 수학적 방법을 통해 분석할 수 있는 기법을 개발해 자기공명 영상진단장치 개발에 핵심적인 역할을 수행했다. 이 공로로 2003년 노벨 생리의학상을 수상했다. 물리학의 핵심 분야인 자성물리학이 밑받침된 연구결과였다. 초기 X선에서 시작한 영상기기는 2세대 컴퓨터 단층촬영 CT를 거쳐 3세대 자기공명 영상진단장치 MRI에 이르러 노벨상을 수상하게 된다. 영상 진단기술 분야가 과학기술 분야

물리보다 재미있는
노벨상 이야기

의 핵심기술로 자리잡은 셈이다. 만
약에 영상진단 분야에서 노벨상을
수상하게 된다면 그 대상은 양전자
방출 단층촬영기가 될 것이다. 4세대 의
료 영상기기인 PET라 불리는 양전자
방출 단층촬영기가 현재 각광받고 있다.

양전자방출 단층촬영기는 방사선 물질을 포도당이나 단백질 등에 섞
어 주사한 뒤 그것이 인체 내에서 어떻게 사용되고 합성되는지를 관
찰하는 장치다. 임상적으로 암 세포는 정상 세포보다 성장이 빨라 영
양분을 많이 소모한다. 암 세포가 영양분을 소비하면 양전자가 나오
는데, 양전자방출 단층촬영기는 이것을 감지해 영상으르 잡아내는 장
치다. 그러므로 이 장비를 쓰면 X선이나 컴퓨터 단층촬영, 자기공명
영상진단장치와 달리 암이 활동하기 시작하는 단계에서도 암을 진단
할 수 있다.

최근에는 각종 의료 영상기기의 융합이 새롭게 떠오르고 있다. 여러
영상기기를 통합함으로써 각각의 단점을 보완하고 장점을 극대화하
는 장치를 개발하고 있는 것이다. 현재 개발되고 있는 것으로 양전자
방출 단층촬영기기와 자기공명 영상진단장치의 융합이 있다. 양전자
방출 단층촬영기기는 초기 질병 세포에서 일어나는 분자 단위의 움직
임을 측정할 수 있는데, 해상도가 높은 자기공명 영상진단장치와 융
합시킴으로써 이 문제점을 해결할 것이다. 이 두 장치가 서로 보완 결

합된다면 인체의 미세한 변화에 대해 감지가 가능해 질병의 초기 상
태를 알아낼 수 있을 것이다. 의료 영상기기를 포함한 전자 의료기기
산업은 미래 유망산업으로 성장하고 있고 이에 따른 기초과학도 발전
하고 있다.

물리보다 재미있는
노벨상 이야기

샐러리맨이 노벨상을 받는 시대가 왔다

일본의 평범한 샐러리맨 다나카 고이치 씨가 연성레이저 이탈기법을 개발해 생물학적 거대 분자의 질량을 정확하게 측정할 수 있는 장치를 개발했다. 일반 중소기업 규모의 회사에서 수행된 이 연구를 통해 2002년 미국의 분석화학자 존 펜, 스위스의 고분자 생물리학자 쿠르트 뷔트리히와 공동으로 노벨화학상을 수상했다. 그는 박사학위도 없었지만 박사 이상의 과학적 성취를 이룩한 것이다.

다나카 고이치 씨는 1983년 일본 북부 도호쿠 대학에서 공학을 전공했고, 졸업 후 교토에 있는 시마즈 제작소에 입사했다. 역사가 오래된 정밀기기업체인 이 회사가 생명공학으로 사업 영역을 넓혀 유전자와 단백질 분석기기의 개발에 박차를 가하고 있을 때였다. 그는 이 회사의 기술연구본부 중앙연구소에서 분석계측기 연구 업무에 종사했다.

대학생 시절 다나카는 평범한 학생이었다. 졸업 후 당시 최고 회사인 소니사에 입사를 지원했으나 낙방하기도 했다. 그러나 그는 무엇보다도 낡은 가치관에 얽매이지 않는 정신의 소유자였다. 승진이나 돈에 다랑곳하지 않고 연구에만 전념할 수 있었던 것도 이 때문이었다. 결국 그는 28세 때 수행한 연구결과로 2002년 노벨 화학상을 수상하면서 평범한 기업 연구원에서 세계적인 과학자가 되었다. 전후 세대 일본인이 노벨상을 수상하기도 이번이 처음이었고, 교수도 박사도 아닌 단지 학사학위뿐인 사람이 노벨 화학상을 수상한 것도 처음이었다.

그에게 노벨 화학상의 영예를 안겨준 연구는 우연한 실스에서 시작되었다.

그는 레이저를 이용해 단백질의 질량을 측정하려고 애썼지만, 레이저를 단백질에 직접 쏘면 단백질이 산산이 깨졌다. 그래서 그는 쿠션용으로 매트릭스를 사용하기로 했다. 원래는 코발트와 글리세롤을 각각 매트릭스로 써볼까 했는데 어쩌다가 이것들이 뒤섞이고 만 것이다. 그는 실수를 깨달았으나 시간을 아끼기 위해 섞인 것을 그냥 사용했다. 그런데 놀랍게도 단백질은 깨지지 않았다. 그는 마침내 단백질의 질량을 정확하게 측정할 수 있었다.

생명의 신비를 풀어내기 위해서는 유전자의 정보를 발현해 궁극적으로 세포의 생리를 활성화시키는 수많은 단백질의 3차원 구조와 질량을 분석해야 한다. 최근 유기체의 게놈이 발현하는 단백질 분자들의 집합체인 프로테옴에 관한 연구 분야인 프로테오믹스가 붐을 이루고 있는데, 이것은 수많은 단백질들의 질량과 구조 분석을 요구한다. 여기에 사용되는 두 가지 화학적 기법이 질량분석법과 핵자기공명 기법이다. 그런데 그중 화학자들이 애용해 온 기존의 질량분석법은 상대적으로 작은 분자의 질량은 분석할 수 있지만 단백질과 같은 생물학적 거대 분자의 질량을 측정하기란 불가능했다.

생물학적 거대 분자를 질량분석계에 통과시키기 위해서는 먼저 이온화 과정이 필요했다. 이 과정에서 거대 분자가 변성되기 때문이었다. 1987년 그는 저에너지 질소 레이저의 레이저파를 이용해 단백질을 표면으로부터 이온화하는 기술적 방법을 개발함으로써 이 문제를 해결한 것이다. 레이저를 쏘아 분

자를 이탈시켜 이온화할 수는 있지만, 거대 분자가 쪼개지는 것을 막기란 대단히 어려운 일이었다. 그러나 그는 그가 개발한 기법으로 이것을 해냈다. 마침내 순수 단백질의 질량 분석 결과를 내놓을 수 있었다. 그는 생물 분자가 흡수되어 있는 매트릭스의 흡광도와 열전달 성질에 따라 레이저의 에너지와 파장을 제대로 맞추는 것이 핵심임을 발견했다. 그는 저에너지 질소 레이저를 사용해서 매트릭스 이온들의 가스 구름이 거대 분자의 이온들을 데려가도록 할 수 있음을 보여주었다. 질소 레이저파는 단백질에 들어 있는 아미노산에 흡수되지 않으므로 단백질이 쪼개지는 것을 피할 수 있었다. 매트릭스로는 콜로이드 입자가 들어있는 글리세롤을 사용했다. 하지만 표면이 높은 실리콘과 같은 매트릭스들이 개발된 것은 최근의 일이었다. 프로테오믹스 연구자들 사이에 가장 널리 사용되는 방법은 매트릭스 지원 레이저 이탈 이온화 비행시간형 질량분석법이었다. 이 방법을 사용하면 순수한 생물학적 거대 분자의 분자량을 정확하게 측정할 수 있고 오염에도 잘 대처할 수 있었다.

질량분석법을 거대 분자로까지 확장시킨 다나카 고이치의 혁명적 아이디어는 노벨상 수상이라는 영광의 결과를 낳았다. 교수도 박사도 아닌 학사학위 출신이 노벨상을 수상한 것은 노벨정신의 한 단면이라고 생각된다. 인류의 발전을 위해 발견을 한 사람에게는 학벌이나 출신에 관계없이 노벨상을 수여하는 것은 고귀한 노벨의 정신을 대변하고 있는 것 같아 마음이 든든하다. 과학의 발전을 위해 열심히 일한 사람은 언제든지 평가받을 수 있다는 정신을 부여해 준 것이다. 이러한 노벨의 정신이 있기에 우리의 과학 발전은 밝은 것이다.

1. 미시 세계부터 큰 우주까지 연구하는 고에너지물리학

2. 새로운 현상에 대한 새로운 접근법, 비선형동역학

3. 생명현상에 대한 비밀을 밝히는 바이오물리학

4. 모든 물리학 분야의 기본, 양자역학

5. 우주의 신비를 향한 열정, 천체물리학

물리학 더 깊이 들여다보기

미시 세계부터 큰 우주까지 연구하는 고에너지물리학

물리학 분야는 다양하지만 최근엔 고에너지물리학, 광학, 응집물리와 비선형동역학, 나노바이오, 정보기술과 관련된 분야를 집중적으로 연구하고 있다. 이들은 어떠한 연구를 하는 것인지 살펴보자. 먼저 고에너지물리학에 대해 알아보자.

우주의 근본을 이루는 입자는 무엇일까? 빛들은 어떤 힘에 의해 상호작용을 할까? 이러한 물음에 대한 답을 찾는 것이 바로 소립자의 성질이나 구조를 밝히는 소립자물리학이다.

소립자는 물질을 이루는 가장 기본적인 요소들이다. 물질을 세분해 가면 분자에서 원자 그리고 원자핵, 더 작은 입자로 분해되어 소립자에 이르게 된다. 이런 의미에서 소립자는 현재 가장 기본적인 입자다.

소립자 중 가장 먼저 발견된 것은 전자이다. 1897년 톰슨에 의하여 발견되었고, 1908년 러더퍼드에 의하여 원자핵이, 이어 수소의 원자핵인 양성자의 존재가 알려졌으며, 중성자와 양전자 중간자가 발견되었다.

물리학 더 깊이
들여다보기

1950년에는 급속히 많은 소립자가 발견되기 시작하였다. 현재까지는 약 300종류의 소립자가 알려져 있는데, 소립자의 내부구조를 들여다 보기 위해서는 매우 높은 에너지를 가진 물질파가 필요하여 이렇게 이름 붙인 것이다.

오늘날에는 소립자의 성질이나 구조를 밝히는 소립자물리학을 고에너지물리학이라 하며, 원자핵의 성질이나 구조를 밝히는 학문을 좁은 뜻으로 핵물리학이라 한다. 입자의 성질, 상호작용과 내부구조를 연구하여, 물질의 구조와 운동에 관한 기본적인 물리 법칙을 탐구하는 학문이다.

입자구조의 척도는 극히 작기 때문에 연구를 위해서는 매우 높은 에너지가 필요하다. 그래서 고에너지물리학이라고 하는 것이다. 보통 입자가속기를 사용하여 인공적으로 만들어 낸 소립자를 이용하는 연구 분야를 뜻하며, 우주선을 이용해 자연계에서 일어나는 초고에너지 현상을 연구하는 것은 우주선물리학 또는 초고에너지물리학으로 구별한다.

고에너지물리학의 중심문제는 입자의 내 부구조를 조사하여 구성 요소와 내부를 지 배하고 있는 역학 법칙을 밝힘으로써 소립자 의 생성과 소멸, 복잡한 각종 상호작용을 통일 적으로 이해하는 것이다. 또한 입자들 간의 상 호작용에 대해서도 연구한다.

아인슈타인의 일반상대성이론 이후 발전된 우주에 대한 연구도 이 분야의 몫이다. 즉, 우주의 기원은 어떻게 이루어졌는지, 블랙홀의 일생은 어떤 과정을 거치는지를 연구한다. 아주 작은 미시 세계로부터 가장 큰 우주까지 연구하는 것이다.

물리학 더 깊이
들여다보기

새로운 현상에 대한 새로운 접근법, 비선형동역학

1980년대에 들어서 비선형동역학과 혼돈이라는 새로운 현상에 대한 물리학 분야가 등장하였다. 이 분야의 연구 범위는 개우 넓어 유체운동, 고체물리학, 플라즈마, 광학현상 등 물리학의 범위뿐만 아니라 최근에는 화학, 생물학, 전기공학, 기계공학 분야에까지 미치고 있다. 심지어는 자연과학을 떠나 사회학과 경제학 같은 분야에서도 혼돈현상의 연구가 도입되고 있다. 서로 상반된 세계의 현상을 비선형동역학과 혼돈이라는 방법을 통해 접근하는 것은 새로운 방법이다.

역학이나 전기회로에서 나타나는 복잡한 운동과 유체의 난류운동, 화학계의 반응에서 나타나는 다양한 운동 사이에 존재하는 유사성은 계에 존재하는 비선형성에 의한다는 사실이 지난 30년간의 연구를 통하여 우리에게 알려졌다.

새로운 비선형동역학과 혼돈이론은 이전에는 설명할 수 없었던 놀랍고도 아름다운 현상을 설명해 주고 있다. 혼돈에 이르는 경로와 간헐성 그리고 프랙털 등의 새로운 수학적 개념들이 제시되고 있다.

지금까지 물리학의 주된 관심사는 물리계의 동적현상에 관한 것이었다. 외부에서 물리적 시스템에 일정한 힘을 가했을 때 이 시스템이 평형 상태에 이르기까지 어떤 운동을 하는지 또는 주기적으로 변화하는 힘을 가했을 때 계가 어떤 운동을 보이는지를 연구하는 것은 매우 흥미롭다. 이러한 물리학 분야를 동역학이라고 하며 뉴턴 이래 이 문제에 대한 연구가 오랫동안 이어져 왔다.

동역학이란 외부 힘에 의한 물리계 반응의 시간변화를 실험 또는 전산 시뮬레이션 등을 통해 탐구하고 이로부터 이론을 정립하는 것이었다. 또는 그 역 과정으로 동역학이론을 응용하여 동적현상을 해석했다. 동역학계는 외부 힘과 계의 특성에 따라 시간에 따른 변화가 없는 정상상태, 일정 시간마다 상태가 반복되는 주기상태, 또는 더욱 복잡한 준 주기상태, 혼돈상태 등 다양한 상태의 특성을 연구했다.

20세기가 되면서 세상은 복잡해졌다. 단순한 가정을 세워 풀어내기에는 불가능한 세상이 되어버린 것이다. 한 예로 지진의 발생, 기상의 변화 등을 들 수 있다. 이러한 현상을 물리학적 입장에서 해석하고 풀어낼 수 있을까? 갑자기 일어나는 지진이나 태풍, 토네이도 앞에서 과학자들은 갑자기 무기력해진다. 좀 더 대상을 넓혀보면 수십억 개의 뇌세포의 활동에 의하여 생겨난다고 보여지는 인간의 사고와 감정, 주식 가격의 대폭락, 경제공황 등 현대과학으로는 풀기 힘든 문제들이 주위에 널려 있다.

카오스 또는 혼돈현상이 발견되면서 현대과학에 대한 서로운 접근방법이 생겨났다. 기존의 분석방법이 아닌 카오스이론이 적용된 것이다. 기상변화의 경우 얼마든지 다양한 패턴의 변화가 가능하다. 이처럼 다양한 변화를 보일 수 있는 대상을 복잡계라고 부르는데, 복잡계에서 일어나는 현상은 카오스이론으로만 설명이 가능할 것이다.

복잡계는 수많은 사항으로 이루어진 복합체로 구성되어 있다. 그래서 복잡계에서 나타나는 다양한 행태는 경우의 수가 많기 떠문이라고 오해하기 쉽다. 물론 경우의 수가 복잡한 결합이 가져오는 결과를 예측하기는 어렵다. 복잡계의 경우 카오스가 흔히 발견되는데 이는 구성이 복잡하게 얽혀있기 때문이 아니라 구성이 비선형성을 갖기 때문이다.

물리학은 지금까지 단순하고 규칙적인 시스템을 다루었다. 이제 과학의 연구과제는 복잡계를 설명하는 것이다. 기상, 두뇌, 인공지능, 경제 등 연구 분야는 널려 있다. 복잡계는 예상할 수 없는 현실 상황에 대해 이론적으로 밝힐 수 있는 이론적 근거를 제시하는 새로은 학문 분야인 것이다.

물리학도의 고군분투 연구실 생활기

대학 2학년 때까지는 다양한 교양수업과 물리학 개론 수업을 듣게 되고, 3학년이 되면 좀 더 전문화된 과목과 실험을 배우게 된다. 깊이 있는 물리학 전공공부가 시작되는 것이다. 그리고 자신이 어떠한 전공을 하고 싶은지에 대한 생각이 결정된다. 자신이 연구하고 싶은 연구실을 선택하고 교수님과 선배 대학원생들과 함께 본격적인 연구를 시작하는 것이다.

충성! 연구실 신입으로서의 각오를 다지다!

대학의 물리학 실험실은 교수님과 박사후 과정, 박사과정 학생, 석사과정 학생, 학부생 연구조원으로 구성된다. 작은 경우도 있지만 큰 연구실의 경우 10명 정도로 구성된다. 연구 프로젝트가 큰 경우는 더 많은 경우도 있다. 실험실의 대장은 교수다. 회사로 치면 보스인 사장이다. 그 밑에 박사를 받고 전문연구를 수행하는 박사후 과정인 post-doc이 있다. 실험실의 두 번째 보스인 셈이다. 그 밑에 박사과정들이 있다. 박사과정들은 교수가 정해준 연구를 수행한다. 회사로 치면 이사급 임원이다. 그 밑에 석사과정들이 있다. 석사과정들은 박사과정 밑에서 일을 배우며 함께 연구를 수행한다. 회사로 치면 과장급에 해당된다. 군대용어인 사수와 조수로도 표현된다. 그 밑에 학부생연구조원이 있다. 신입사원이나 인턴사원에 해당되고 군대로 치면 졸병인 이등병이다.

50%의 가능성을 믿고 도전하자!

일사천리로 진행되는 실험은 없다. 실험의 반은 기다림의 시간이다. 생물학

물리학 더 깊이
들여다보기

실험의 경우 결과를 보기 위해서는 몇 년을 기다려 꾸준히 관찰해야 한다. 심한 경우 낮과 밤의 구분 없이 지켜봐야 하는 경우도 있다. 정해진 시간에 정확히 스위치를 넣어야 하기 때문에 실험실 모퉁이에 있는 간이침대에서 알람시계를 가슴에 품고 새우잠을 자야 하는 경우도 비일비재하다. 실험은 낮과 밤이 없다. 심한 경우는 일주일 동안 지속되기도 한다. 중간에 수업도 들어야 하고 개인적인 일도 처리해야 한다. 과학자 이전에 개인인 것이다.

실험이 순조롭게 진행된다면 좋지만 처음 하는 일은 실패하기 쉽다. 이런 경우 다시 처음부터 시작해야 한다. 이런 일을 누가 대신 해줄 수는 없다. 한 번의 실패로 1주일을 다시 보내야 한다. 그래도 성공할 수 있다는 확신만 주어진다면 얼마나 좋을까? 실패와 성공의 확률은 항상 50대 50인 것이다. 과학을 사랑하는 마음과 사명감이 없다면 불가능한 일이다. 그리고 엄격한 자신의 의지가 없어도 불가능한 일이다. 그래서 과학의 냉엄한 지성이 빛이 발하는 이유가 여기에 있다.

물리학도들의 보물 1호, 자신만의 실험노트

연구실 생활은 철저히 자율적으로 이루어진다. 필요한 경우 교수와 선배들에게 도움을 청하기도 하지만, 아침부터 저녁까지 자신의 스케줄대로 실험을 하고, 논문을 읽고, 책을 보고 생활을 한다. 하지만 자신이 맡은 일은 철저히 자신의 힘으로 해내야만 한다. 왜냐하면 자신의 연구결과에 따라 실험실의 미래가 놓여있기 때문이다. 실험일정은 여유가 있어 시간이 날 때 잠시 하는 것이 아니라, 정해진 시간, 정해진 장소와 정해진 약속에 의해 이뤄진다. 실험을 했으면 반드시 실험에 대한 정리를 해야 한다. 또한 실험에 대한 모든 기록을

일기처럼 기록해 다른 사람들에게 알려줘야 할 의무가 있다. 그 기록을 통해 동료와 선배들이 같은 실수를 하지 않을 수 있다. 그리고 실험에 문제가 발생할 경우 어디에 문제가 있었는지를 쉽게 찾을 수 있다. 실험실 생활의 기본은 철저히 기록하는 실험노트에서 시작된다. 실험노트에 기록된 내용을 기초로 누가 먼저 발명하고 발견했는지가 판단되기도 한다. 시간이 한참 지난 후 자신이 한 실험결과를 다시 재현하고 싶을 때 오래된 실험노트를 다시 펼쳐보기도 한다. 이때 불확실하게 기록된 결과는 아무런 도움을 주지 못한다. 실험노트를 꼼꼼히 작성하는 일은 실험실 생활의 시작이다.

공포의 실험실 미팅과 세미나

실험실마다 1주일에 한두 번 실험실 미팅을 한다. 자신이 연구한 결과를 모든 멤버들에게 발표하는 시간이다. 발표 전날 발표준비를 위해 밤을 꼬박 새우기도 한다. 완벽한 발표를 위해서는 항상 시간이 부족하다. 결과를 위해 실험을 해야 하고, 얻어진 결과를 분석하기 위해 다른 사람의 실험결과와 비교해야 하고, 필요하다면 도서관으로 달려가 책을 뒤져 봐야 한다. 만약 준비가 부족하다면 선배와 교수 앞에서 주눅이 들게 되는 것은 물론, 불호령이 떨어지기도 한다.

또한 철저한 전문성을 근거로 평가받는 자리가 세미나 시간이다. 1주일에 한 번씩 돌아오는 세미나 시간이 지옥처럼 느껴지는 이유는 여기저기서 날아오는 날카로운 질문과 지적에 있다. 이런 혹독한 시간을 보내다 보면 실력이 향상된다. 학문의 발전은 자신이 무엇을 모르는지를 아는 데서부터 시작된다.

물리학 더 깊이
들여다보기

생맥주 집은 제2의 연구실

보통 세미나가 끝나면 과격한 상황을 진정시키기 위해 연구실 회식을 한다. 선배에게 무참히 당한 지적에 기분이 상하기도 했지만, 그것도 잠시. 회식자리에서 이어지는 토론에 다시 힘을 얻는다. 하루아침에 이뤄지는 일은 없다. 호프집은 제2의 실험실이자 연구실이다. 매일 있는 일은 아니지만, 실험실에서 하루 종일 시험에 매달리다 실험이 끝나고, 세미나가 끝나면 교수님과 선배 대학원생들과 함께 생맥주 집으로 가서 실험과 연구에 대해 밤늦도록 토론을 한다. 웬 이야기가 그렇게 많고 고민들이 많은지! 시험실보다 생맥주 집에서 이뤄진 토론에 의해 해결된 문제가 더 많을 것이다. 이런 토론과 대화를 통해 문제를 해결하고, 연구실은 조금씩 발전해간다. 그리고 이렇게 다져진 팀워크가 어려운 연구실 생활을 잊게 하고 동지애를 키워준다.

실험결과가 교과서에 실리는 감격

실험실 생활의 어려움 외에 즐거움도 많다. 자신이 한 실험결과가 국제적인 학술지에 실리기도 한다. 전 세계의 학자들이 나의 논문을 본다는 감격! 그리고 그 결과를 토대로 다음 실험을 진행하기도 한다. 중요한 결과는 세계적인 화제가 되기도 하고, 참고문헌으로 인용되기도 한다. 그리고 시간이 지나 검증된 결과는 교과서에 실리게 된다. 자신의 실험결과가 교과서에 실렸다는 자체만으로 놀라운 일을 해낸 것이다. 자부심을 가져도 되고 뿌듯함을 느껴도 된다. 과학의 발전은 이렇게 실험실의 일상에서 출발한다.
이 책을 읽는 학생들에게 이러한 일상에 동참하기를 권하고 싶다. 자, 함께 즐거운 연구실 생활을 할 멋진 친구들을 기다린다!

생명현상에 대한 비밀을 밝히는 바이오물리학

지금까지는 물리학이 학문의 발전을 이끌었다면 지금부터는 바이오의 세계가 세상을 이끌 것이라고 이야기한다. 생물물리학은 단순히 다양한 생명현상을 물리학적인 입장에서 연구하는 학문이라고 말할 수 있다. 지금까지 물리학은 생물학의 발전에 도움을 주는 형태로 발전해 온 것이 사실이다. 젠센에 의해 발명된 광학현미경은 미생물을 연구하는 데 중요한 역할을 해왔다. 그리고 전자현미경의 발명은 생물체를 직접 고배율로 관찰할 수 있게 해주었다. 이렇듯 물리학이 생물학 발전에 도움을 준 것이다. 특히 DNA가 이중나선구조라는 것을 X선 회절실험을 통해 밝혀낸 경우가 대표적인 예일 것이다.

X선 회절실험을 통해 물질의 구조를 밝히는 방법은 이미 물리학자들이 고체의 성질을 연구하는 데 널리 사용했던 실험방법이었다. 그 후 X선을 사용한 단백질 분자나 핵산 분자의 구조를 알아내는 실험은 입체적 구조를 통해 생물학적인 반응 메커니즘을 밝히는 연구의 기본이

물리학 더 깊이
들여다보기

되어왔다. 그리고 의학 분야의 자기공명장치 혹은 양전자방출 단층촬영술 등의 뇌영상 이미지를 통한 의·과학과 환자치료에 탁월한 영향을 미치고 있다. 그렇다면 앞으로도 물리학자들은 생명과학자들에게 방법론과 개선된 기기를 제공하는 역할만을 할 것인가? 사실 생명체는 물리학에서 다

루는 간단한 시스템보다 굉장히 복잡하고 다양하다. 물리학자들은 전통적으로 복잡한 물질 시스템을 간단한 모델로 보기를 좋아했다. 통계물리학 분야는 복잡한 세계 속에서 간단한 통일적인 법칙을 밝히고 예측할 수 있는 방법을 제시해 왔다.

세포 내부의 다양하고 복잡한 생물체 내에서의 물리적인 현상에 대해 개개 입자의 단순 특성이 전체의 특성을 말해준다고 이야기할 수는 없을 것이다. 그런 만큼 개개의 다른 특성이 전체적으르 어떤 특성을 만드는지에 관한 연구는 생물물리학자들의 관심의 대상이다. 수천억 개의 신경소자에 대한 신호의 전달과정현상들을 물리적인 분석방법을 통해 예측하고 이해하려는 방법론을 찾는 것이 바로 바이오물리학의 숙제인 것이다.

물리학자들의 실험적 방법은 앞으로도 생물물리학의 발전에 큰 영향을 줄 것이다. 정확한 실험 장비를 통해 생명체의 기본 세포와 같은 생물시료를 사용한 실험을 하여 생명현상을 더욱 잘 이해할 수 있는 방

법을 제시해 줄 것으로 기대하고 있다.

또한 우주의 기본 입자를 밝히기 위해 개발된 가속기를 이용해 생명체의 기본 구조를 밝히고 생체현상의 기본적인 현상을 밝힐 수 있을 것으로 기대하고 있다.

지금은 생명공학의 시대이다. 물리학뿐만 아니라 화학, 전자공학 등의 공학 계열에서도 모두 생물학에 관심을 보이고 있다. 그 속에서 물리학은 분명 앞으로 중요한 역할을 할 것이다.

물리학 더 깊이
들여다보기

모든 물리학 분야의 기본, 양자역학

양자역학은 역학, 열역학, 통계역학 등을 공부한 후 배우게 되는 분야다. 양자역학은 20세기 초 원자 차원의 미시적인 현상을 이해하기 위해 시작된 학문으로 현재 자연과학의 많은 부분을 효과적으로 설명해 주고 있는 물리학이론이다. 물리학과뿐만 아니라 화학과에서도 필요한 분야다.

역사적으로 보면 1900년 플랑크가 흑체의 복사현상을 설명하기 위해 양자가설을 도입하면서 시작되었다. 양자가설이란 에너지가 연속성을 가지고 있다는 종래의 생각을 거부하고, 불연속적으로 존재한다고 보는 것이다. 이는 1905년 아인슈타인의 광전효과를 설명하는 데 사용되었고, 그 후 보아의 원자모형에도 적용되었다. 그 결과 그때까지 파동이라고 믿어졌던 빛이 광자라는 불연속적에너지 알갱이의 집합으로 추정되었다. 또한 이 개념이 발전하여 모든 물질이 입자와 파동의 두 성질을 가지고 있다는 드브로이의 물질파 개념을 낳게 되었다.

양자역학은 뉴턴역학의 자연관으로는 이해할 수 없는 부분을 많이 포함하고 있다. 양자역학의 세계는 본질적으로 확률의 비결정적 세계다. 예를 들어 전자나 양성자 등이 어떤 공간에서 발견되는 것도 단지 거기 있을 확률로 보는 것이다.

내부적으로 상대론을 포함하는 양자전기역학이나 중간자론, 장의 이 물질파를 해석하는 기본식이 슈뢰딩거의 파동방정식과 하이젠베르크의 행렬역학 형태로 얻어져 양자역학을 형성하는 2개의 골격을 이루게 된 것이다.

현재 양자역학은 원자물리학, 고체물리학 등의 물리학뿐만 아니라 화학이론을 설명하거나 전자공학이나 반도체 분야, 초전도현상, 레이저 등의 응용 부분에도 이용되고 있다. 또한 거대 분자를 설명하는 생물물리학, 우주나 천체의 신비를 푸는 소립자물리학과 천체물리학에 이르기까지 매우 널리 사용되고 있다. 양자역학에 대한 공부 없이 물리학을 공부하기란 불가능하다. 그만큼 중요한 분야다.

물리학 더 깊이
들여다보기

우주의 신비를 향한 열정, 천체물리학

천체물리학은 하늘과 우주를 연구하는 분야다. 천체의 물리적 성질인 광도, 밀도, 온도, 화학 조성 등 천체 간의 상호작용을 연구한다. 천체물리학 이외에 천문학이라고도 한다. 실제 천문학의 거의 모든 연구에서 물리학적 방법을 사용한다. 따라서 천문학과 천체 물리학을 구분하는 것은 큰 의미가 없다.

대학에서는 천문학 또는 천체물리학으로 분류해 공부하는데, 일반적으로 천문학은 별이나 행성, 혜성, 은하계와 같은 천체와 지구 대기 바깥쪽으로부터 비롯된 현상을 연구하는 자연과학의 한 분야다.

천문학은 가장 일찍 태동한 학문 중의 하나로, 천체를 관측하어 방위를 아는 등 항해의 원리에 이용되며 크게 발전해 왔다. 또한 동서양에서 농사는 중요한 일이었다. 특히 하늘의 날씨를 예견하는 일은 중요했다. 해양, 지리 관측과 측량이 천문학 탄생의 주요 동기라고 볼 수 있다.

초기에는 오늘날 점성술로 일컬어지는 분야가 중요시되었다. 동양에서는 중국의 은나라 시대 이전, 서양에서는 메소포타미아 문명과 고대 이집트 문명에서 천문학이 최초로 발생한 것으로 여겨지고 있다. 천문학의 이론은 약 기원전 6~5세기에 과거의 지식을 바탕으로 고대 그리스에서 발전하기 시작했으며, 17세기를 전후하여 발명된 망원경은 천문학의 발전을 가속화시켰다. 이처럼 과학과 기술은 서로 관계를 가지고 함께 발전한다.

당시 천문학은 성능이 개선된 망원경을 통해 더 먼 곳을 정확히 관측할 수 있었다. 20세기에 이르는 시기에 발전된 물리학의 발판인 역학, 전자기학, 상대성이론 등 물리학의 업적은 천문학을 통해 새로운 장을 열었다.

지금 우리는 우주를 자유롭게 가고, 우주정거장까지 만들고 있다. 앞으로 천체물리학은 새롭게 열리는 우주시대를 통해 가장 각광받는 학문으로 자리 잡을 것이다.

물리학 더 깊이
들여다보기

천체물리학의 연구 분야 알아보기

천체물리학의 연구 분야에는 관측천문학, 광학천문학, 자외선천문학, 적외선천문학, 전파천문학, X선천문학, 감마선천문학, 항성천문학 등이 있다.

관측천문학은 전자기파의 파장대별로 나누어진다. 천처로부터의 가시광선 영역의 빛 또는 다른 파장대의 전자기파를 감지하고 분석하여 우주를 연구한다. 지구상에서 관측이 가능한 파장대의 빛도 있지만 어떤 영역대는 높은 고도의 지역에서만 또는 우주에서만 가능하다. 그래서 관측천문대는 높고 공기가 맑은 지역이나 산 정상에 위치한다. 산속의 적막한 환경에서 하늘을 조용히 관측하고자 하는 사람에게 이 분야는 적격일 것이다.

가시광선 영역을 통해 천체를 연구하는 광학천문학은 역사적으로 가장 오래된 천문학 분야다. 자외선천문학은 10~320나노미터 영역대의 자외선파장을 관측하는 천문학이다. 이 파장대의 가시광선은 지구대기에 의해 흡수되기 때문에 자외선천문대는 지구대기층이 얇고 높은 고도 또는 우주에 세워져야 한다.

자외선망원경은 뜨겁고 파란 별들로부터 방사된 열적 복사와 분광선들을 측정한다. 우리은하 이외의 다른 은하에 위치한 푸른 별들은 몇몇 자외선관측의 주요 관측대상이 되어왔다. 자외선 영역의 또 다른 관측대상으로는 행성상 성운, 초신성 잔해, 활동은 은하핵 등이 있다.

적외선천문학은 적외선 영역대의 빛을 감지하고 분석하는 분야다. 가시광 영역대와 가까운 파장대를 제외하고는 천체로부터 생성된 적외선 영역의 빛은 대기에 의해 대부분 흡수되고, 지구대기 또한 많은 양의 적외선을 내뿜는다.

그 결과, 적외선 관측은 높은 고도의 건조한 곳에 위치한 천문대 또는 우주에서 이루어지고 있다. 적외선천문학에서는 먼지에 의해 가려진 은하 영역의 관측과 분자가스 성운에 대한 연구가 활발히 진행되고 있다.

전파천문학은 약 1mm보다 긴 파장대의 전자기파를 관측하고 연구하는 학문이다. 전파천문학은 관측천문학의 다른 분야와는 달리 관측된 전파의 파동을 관측한다. 즉, 짧은 파장영역의 전자기파에 비해 전파의 세기와 위상을 측정한다. 어떤 전파는 열적 발산의 형태로 천체에 의해 생성되기도 하지만, 지구상에서 관측가능한 대부분의 전파방사는 싱크로트론 복사의 형태이다. 싱크로트론 복사는 전자가 자기장 주변에서 진동할 때 생성되는 전파다. 또한, 별들 사이의 가스, 특히 수소분광에 의해 생성된 많은 분광선들이 전파 영역대에서 관측된다. 전파천문학에서 다루는 천체는 슈퍼노바로 알려진 초신성, 성간가스, 펄사 등 매우 다양하다.

X선을 이용한 X선천문학은 X선 파장대의 빛을 내는 천체를 연구하는 학문이다. 전형적으로 천체들은 엑스레이를 방출한다. X선은

지구대기에 의해 흡수되기 때문에, 모든 X선 관측은 높은 고도로 띄우는 풍선, 로켓, 비행선을 이용하거나 우주망원경을 통해 이루어지고 있다. 가장 짧은 전자기 파장대인 감마선을 이용한 감마선천문학은 가장 짧은 전자기 파장대의 천체를 연구하는 분야다. 인공위성을 이용한 체렌코프 망원경을 이용해 감마선이 지구대기에 의해 흡수되었을 때 생성되는 가시광 영역의 특성을 측정한다. 대부분의 감마선을 내뿜는 천체는 감마선 폭발에 의해서 발생한다. 감마선을 생성하는 천체인 펄사, 중성자별, 하핵과 같은 블랙홀을 연구한다.

항성천문학은 항성과 항성의 진화 과정을 관측하는 분야다. 이는 우주를 이해하는 데 있어 중요한 연구이기도 하다. 천체물리학은 이론과 관찰을 통해 항성 내부에 대한 연구를 지속하고 있다. 특히 방대한 자료를 컴퓨터 시뮬레이션을 이용해 연구한다.

천체물리학은 우리가 상상하는 것처럼 산꼭대기에서 망원경을 이용해 별을 관측하는 수준이 아니라 우주로 향하고 있다. 우주선에 특수 망원경을 싣고 우주에 가서 관측을 한다. 이는 단순한 천체관측기술이 아니라 모든 학문이 융합된 형태로 진행돼 왔다는 이야기다.

앞으로 우리의 관심은 우주로 향할 것이다. 그리고 분명 우주에 대한 물리학의 기본 법칙이 속속들이 밝혀질 것이다. 마치 17~18세기 갈릴레오에 의해 고전물리학이 발전되어 온 것처럼 천체물리학을 통해 새로운 물리학이 탄생될 것이다.

그 밖에 어떤 분야들이 있을까?

광학

빛의 본질에 관해 연구하는 분야다. 레이저라는 아주 강한 빛과 원자를 쪼는 결정들과의 상호작용을 이용하여 양자역학이나 물질의 성질을 연구한다. 뿐만 아니라 레이저를 이용하여 파장을 변화시킬 수 있는 레이저 개발, 광기억소자, 광통신, 빛을 감지할 수 있는 센서와 장치, 초강력 레이저와 물질의 비선형적 상호작용들에 대해서도 연구한다.

응집물리학

형체가 있는 모든 물질들에 대해 연구하는 분야다. 특히 고체의 물리적 성질을 연구한다. 고체는 결정구조들에 의하여 여러 가지 독특한 물리적 성질을 갖게 되는데, 어떤 물질은 극저온으로 가면 저항이 거의 없는 초전도가 되기도 한다. 초전도 위에 자석을 올려놓으면 자석이 공중에 뜨는데 이러한 현상을 이용하여 자기부상열차를 만들어 실제로 운행하고 있다.

정보통신기술의 기초가 되는 것이 반도체기술이다. 지금 우리 주위 1m 근방에 반도체가 없는 곳은 없다. 그만큼 반도체는 우리 실생활과 밀접한 관련이 있다. 이러한 반도체기술은 각종 반도체 물질의 기본적인 성질을 응용해 개발된 것이다. 이 외에도 최근 유기

물리학 더 깊이
들여다보기

물에 대한 연구도 활발히 진행되고 있다. 유기물은 소프트한 성질을 가지고 있다. 이러한 물질을 소프트물질이라고 하는데, 최근에 주목을 받고 있는 연구 물질이다.

한국의 물리학을 빛낸 사람, 이휘소 박사

한국인 물리학자로 노벨상에 제일 근접한 학자는 누구일까? 앞으로 노벨 물리학상을 받을 수 있는 물리학자는 누구인가? 그리고 노벨 물리학상을 받는다면 어느 분야일까?

그 답은 아무런 예측이 불가능하다. 물론 창의적인 연구결과를 낸 학자에게 주어질 것이다. 지금까지 불가능한 문제를 해결하고 인류의 발전에 이바지하여 물리학 발전의 계기를 마련한 첫 번째 학자에게 주어질 것이다.

이러한 조건에 가장 근접했던 한국의 물리학자가 있었다. 바로 이휘소 박사다. 1979년 노벨상을 수상한 파키스탄 출신 압두스 살람 교수는 노벨상 수상 소감 중에서 '이휘소는 현대물리학을 10여 년 앞당긴 천재였다. 이휘소가 있어야 할 자리에 내가 있는 것이 부끄럽다'고 이야기했다. 핵물리학을 개척한 원자폭탄의 개발자 오펜하이머는 '제자로 아인슈타인도 있었고 이휘소 박사도 있었지만 아인슈타인보다 이휘소가 더 뛰어났다'고 이야기할 정도로 그의 천재성은 평가를 받았다. 하지만 1977년 그의 연구가 꽃필 즈음 42세의 나이로 안타깝게 교통사고로 죽고 만다.

이휘소 박사는 1935년으로 서울대학교 화공과에 입학했다. 하지만 물리학에 흥미를 느껴 양자역학에 몰두한다. 양자역학은 그의 전공을 바꿀 만큼 흥미로운 과목이었다. 대학 2학년 때 세계적인 물리학자의 논문에서 수학적인 중대한 결함을 발견할 정도로 물리학에 심취했고, 결국 미국 마이애미 대학으로 유학하여 물리학으로 전공을 바꾸었다. 졸업 후 피츠버그 대학교 대학원에 입학하였으나, 시드니 메시코프 교수는 이휘소의 천재성을 알아보고 그를 펜실베이니아 대학으로 전학시켜 주었다. 1960년 그곳에서 클라인 교수의

물리학 더 깊이
들여다보기

지도 아래 박사 학위를 받았다. 1964년 이휘소와 그의 스승 클라인은 자발적 대칭 붕괴에 관한 논문을 발표했다. 미시 세계에서의 질량의 존재를 규명하는 힉스 메커니즘에 관한 연구를 수행했다.

이휘소 박사가 연구한 전기 양자역학 분야는 빛과 물질의 상호작용에 대해 연구하는 것이었다. 1967년 미국의 와인버그와 압두스 살람 교수는 이 이론을 방사선물질에 적용했다. 방사선 동위원소에서 방출되는 알파선과 베타선을 전기 양자역학 이론을 이용해 약한 전기적인 이론으로 설명했다. 그러나 이 이론은 수학적인 계산이 불가능하다고 알려졌다. 하지만 이휘소 박사가 1972년 발표한 논문 〈계산이 가능한 질량이 있는 벡터 증간자 이론–힉스 현상의 섭동 이론〉에서 이론적으로 계산이 가능하다는 증명을 제시하였다. 결국 처음 이 이론을 제시한 와인버그와 살람 교수는 1979년 이 전자기력과 전기약력을 통일한 공로로 노벨상을 받게 되었다. 그래서 살람 교수는 노벨상 수상식 소감을 말할 때 "이휘소가 있어야 할 자리에 내가 있는 것이 부끄럽다"고 이야기했던 것이다. 이미 이휘소 박사는 교통사고로 노벨상을 받을 수 없는 상태였다(노벨상은 생존자에게만 주어진다).

또 하나의 그의 중요한 업적은 여섯 가지 쿼크입자 중 Charm(마혹) 쿼크의 질량을 계산하여 입자의 발견에 공헌한 것이다. 펜실베이니아 대학과 프린스턴 고등연구원에서 일하던 중 1957년 노벨물리학상 수상자인 양체냥의 초청으로 1966년 스토니 부룩의 뉴욕주립 대학의 교수가 되었다. 그 뒤 페르미 연구소의 이론 물리 부장으로 취임하여 세계 물리학자 가운데 일인자로 떠올랐으나 안타깝게도 1977년 6월 16일 시카고에서 교통사고로 42세의 젊은 나이에 아깝게 사망하였다.

Marie Curie

물리학의 미래를 상상하다

첨단기술을 이끌 유기물, 차세대 디스플레이

디스플레이는 과학의 발전에 따라 진보되어 온 장치이다. 초기 음극선관을 이용한 소위 브라운관 디스플레이는 이후의 평판 디스플레이로 발전하였다. 그중 대표적인 장치가 액정의 광학적 성질을 이용하여 만든 TFT-LCD와 플라즈마 원리를 이용한 플라즈마 디스플레이 그리고 유기 형광물체를 이용한 OLED이다. 이와 같은 디스플레이는 현재 전 세계적으로 사용되는 필수품으로 지금도 진화가 지속되고 있으며, 최첨단기술의 집약적인 상업으로 자리 잡고 있다.

디스플레이기술 중 유기물을 이용한 차세대 디스플레이로 각광받고 있는 OLED(Organic Light Emitting Display)는 앞으로 물리학에서 연구될 중요한 분야가 될 것이다. OLED는 유리나 플라스틱 위에 유기물을 장착해 전기를 가할 때 유기물 층에서 발광하는 원리를 이용한 것이다. 일반적으로 유기물은 절연체라고 알려져 왔지만 유기물의 종류에 따라 반도체적인 성질을 보이는 것도 있다. 두 종류의 유기물을 접

물리학의 미래를
상상하다

합하면 박막의 음극에서는 전자가 전
자 수송 층의 도움으로 유기물질인
발광 층으로 이동하고 반대로 양극
에서는 정공 수송 층을 거쳐 발광 층으로
이동하게 되어 발광 층에서 만난 전자와
정공이 재결합하면서 엑시톤이 형성된

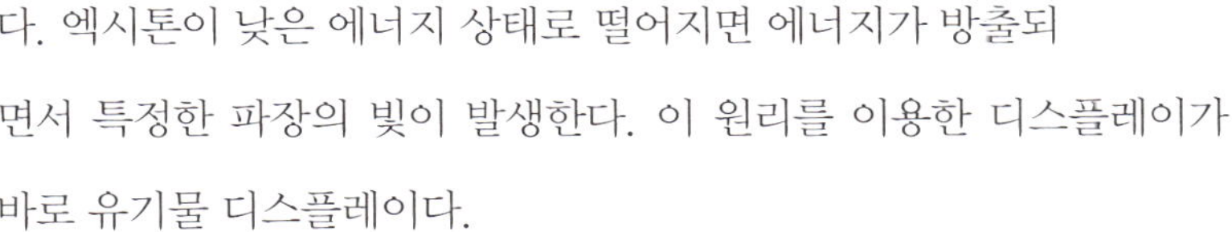

다. 엑시톤이 낮은 에너지 상태로 떨어지면 에너지가 방출되
면서 특정한 파장의 빛이 발생한다. 이 원리를 이용한 디스플레이가
바로 유기물 디스플레이다.

이때 발광 층을 구성하고 있는 유기물질 특성에 따라 빛의 색깔이 달
라지는데, 빨간색, 녹색, 파란색을 내는 각각의 유기물질을 이용하여
총 천연색 디스플레이를 만들어 낼 수가 있다.

1990년대 초 영국 케임브리지 대학 연구진이 PPV라는 고분자 박막으
로부터 발광 특성을 관찰한 것에서 비롯되었다. 고분자는 용매에 녹
여 사용함으로써 스핀코팅법이나 잉크젯프린터 기법 등을 이용해 넓
은 면적에 쉽게 코팅할 수 있어 넓은 면적의 소자 제조가 가능하게 되
었다.

디스플레이는 우선 선명해야 하며 색상표현 또한 자연스러워야 한다.
그리고 기본적으로 밝아야 한다. OLED는 기존의 디스플레이보다 고
화질이고 밝은 휘도 특성과 높은 콘트라스트 특성을 가지고 있다. 또
한 박막 두께는 매우 얇다. 유기물 박막은 보호 층을 포함하여 전체 두

께가 100마이크로를 넘지 않는다. 기판으로 유리 기판을 사용하지 않고 플라스틱 기판을 사용할 경우 두께가 약 2mm 정도가 된다. 또한 플라스틱의 경우 둘둘 말아 보관할 수 있어 운반이 가능하다. 이 모든 것이 유연성 있는 유기물 특성을 사용하기 때문에 가능한 것이다.

무엇보다 유기물 OELD는 기존의 LCD에서 사용하는 백색의 백라이트를 사용하지 않는다. 유기물 OLED는 소자 자체가 스스로 빛을 내는 자발발광형특성으로 어두운 곳이나 외부의 빛이 들어 오지 않는 곳에서도 발광한다. 기존의 LCD는 백색발광을 내는 백라이트를 사용해야 하기 때문에 두께가 두꺼워지고 무게도 더 나가며 전력의 소비가 더 든다는 단점을 가지고 있다.

현재 액정 디스플레이는 백라이트가 문제점이다. 전체 디스플레이의 두께에 영향을 미치는 요소일 뿐 아니라 항상 백라이트를 켜야 하기 때문에 전력 소비가 많다. 반면 OLED는 백라이트가 필요없는 자체 발광방식이어서 기존 LCD의 절반 수준의 전력을 소모한다. 또한 두께는 25mm 이하로 LCD 두께의 30% 수준의 초박형이 가능하다. 무게 또한 컴퓨터에서 사용하는 디스플레이의 경우 500g 정도로 매우 가볍다. 따라서 OLED는 휴대전화나 디지털카메라에도 사용되고 있다.

화면을 볼 때 어느 각도까지 보이는지 각도의 한계를 나타내는 것이

물리학의 미래를
상상하다

바로 시야각이다. 화면을 보는 시야각은 가능한 넓은 범위 특성을 가져야 한다. OLED는 기존의 LCD보다 넓은 시야각을 가진다. 또한 OLED는 원래 유기물이기 때문에 기존의 액정 LCD보다 온도 특성이 강하다. 영하 40도에서도 작동이 가능하며, 영상 100도까지도 사용이 가능하다. 따라서 온도 변화가 심한 외부 환경에서 사용할 수 있으며, 외부 진동에도 강해 군사용에도 적합하다.

동영상의 재생 시 신호에 대한 응답속도가 높고 낮음에 따라 디스플레이 특성이 좌우된다. 유기물 OLED는 LCD 특성에 비해 약 1,000배 이상 응답속도가 빨라 자연스러운 영상을 표현할 수 있다. 뿐만 아니라 기존의 LED생산공정보다 간단해 대형화면을 보다 낮은 가격으로 생산할 수 있다.

디스플레이 장치는 가장 기본적으로 사용하는 기기가 되었다. 평판 디스플레이는 이제 우리의 생필품이라 해도 과언이 아닐 것이다. 기존의 고전력 소비의 LCD 디스플레이 장치에서 유기물 디스플레이 장치로의 변환은 시간문제다. 반도체 산업의 발전 단계를 그대로 밟아 가고 있는 디스플레이 장치 사업에 나노물리학의 기술이 접합될 것이다. 나노기술과 접합된 유기물 디스플레이에 기초과학적인 연구가 필요하다. 이 분야에서 물리학은 재료에서부터 트랜지스터 특성에 이르는 분야에 이르기까지 많은 공헌을 할 것이다.

OLED 개발의 역사

OLED는 포프 등에 의해 처음 발견되었다. 1963년 유기물 중 하나인 안트라센의 단결정을 처음 합성하였고, 유기물 안트라센에서 전하가 이동하는 원리와 전기적인 발광 특성을 발견한 것이다. 하지만 그 당시의 기술로는 발광 효율이나 수명은 매우 낮았다. 이후 지속적인 연구가 진행되다가 1987년 코닥사의 팅 박사가 발광 층과 전공 수송 층을 각각 유기물 Alq_3과 TPD로 만든 유기물 박막을 제작하여 녹색의 발광을 얻어냈다. 또한 효율성과 안정성 면에서 뛰어난 발광소자를 발견하였다. 이 발견 이후 보다 개선된 발광 효율과 안정성 그리고 긴 수명을 가진 발광소자를 개발하기 위한 유기소재에 대한 연구와 개발이 활발히 진행되었다.

물리학의 미래를
상상하다

작은 것에서 펼쳐질 놀라운 힘! 나노물리학

IT, BT, 그리고 NT는 21세기를 이끌어 갈 핵심기술이다. 이 세 가지 분야는 서로 분리될 수 없고 상호보완적으로 발전하고 있다. 나노기술의 발전이 없다면 정보통신기술이나 생명과학기술 역시 발전할 수 없다. 정보통신이나 생명과학기술 역시 나노기술에 기초하여 발전하고 있다. 앞으로 이 세 가지 분야를 어떻게 융합하느냐가 학문 발전에 가장 큰 발전을 가져올 것이다.

물리학 역시 나노 세계의 비밀을 밝히는 연구가 중심이 될 것이다. 나노기술은 생명공학, 기계, 컴퓨터, 의학, 전자, 우주를 비롯한 모든 분야에 응용되고 있고, 가장 활발히 연구되고 있는 분야다. 눈에 보이지도 않을 만큼 작은 스케일의 과학이 발전되고 있고, 실생활에 직접 사용되고 있는 것이다.

마이크로미터보다 더 작은 나노미터의 세계에서는 과연 어떤 물리학이 존재할까? 뉴턴 시대의 물리학만 가지고는 설명할 수 없는 많은 의

문점이 남아있는 곳이 바로 나노물리학 분야다. 나노물리학의 도전 분야는 매우 광범위하다. 나노 기술이란 나노미터 크기의 디바이스를 제작하고 그 물리적인 성질을 연구하며 나노스케일로 조절할 수 있는 기술을 말한다. 1nm(나노미터)는 1/10억m로서 10옹스트롬(Å)과 같다. 나노크기는 대략 1nm에서 1마이크로미터(=1000nm) 크기를 말한다. 머리카락 굵기는 80마이크로미터로 나노스케일로는 8만 나노미터다. 머리카락 굵기보다도 작은 세계가 바로 나노물리학의 세계다.

그렇다면 왜 이렇게 작은 스케일의 물리학이 중요할까? 크기가 작아진다면 기본 물질에서 새로운 성질을 나타내는데, 나노스케일의 새로운 성질을 이용하면 새로운 디바이스를 만들 수 있고 전자공학적인 측면에서 나노물질을 구동하는 전력의 소모를 획기적으로 줄일 수 있게 된다. 따라서 기초과학 외에 의공학, 재료공학, 전자전기공학, 컴퓨터공학, 기계공학 등의 응용학문 분야에서도 새로운 응용분야가 창출될 수 있다.

나노물질은 새로운 상태를 가진다. 왜냐하면 화학적 조성뿐만 아니라 입자의 크기와 모양에 따라 물리적 성질을 달리하기 때문이다. 이는 나노물질이 가진 새로운 세계이며 새로운 응용가능성이 존재하는 이유이다.

물리학의 미래를
상상하다

1차적으로 나노물질들을 이용하여 전자디바이스를 제작하는 경우 모든 디바이스들은 소형화 될 것이다. 전자디바이스 외에 정보저장, 초고속 정보통신, 고분자 나노복합재료, 나노코팅, 나노촉매, 나노스케일의 의약진단과 건강조절장치 등을 개발해 내는 것은 물론 의학용 나노로봇까지 제작하여 인체 내에 투입해 질병치료와 진단에도 응용할 수 있을 것이다.

나노물질을 조작하는 나노기술

나노기술의 핵심은 나노물질을 조작하는 기술이다. 이를 나노조작기술이라 한다. 나노물질은 우리의 눈으로 보이지 않는다. 보이지 않는 물질인 나노스케일의 원자나 분자를 원하는 대로 조작하는 기술은 나노기술 연구의 핵심기술이다. 나노조작은 단원자나 단분자의 나노입자를 1nm 이하의 분해능으로 수평과 수직으로 이동하거나 배열하는 기술을 의미한다. 여기서 나노조작은 단순히 원자나 분자의 위치를 이동시키는 것만을 의미하는 것이 아니라 물리화학적 특성도 함께 조작하는 것을 말한다. 즉, 나노물질을 총체적으로 조절할 수 있는 기술을 의미하는 것이다.

주사터널링현미경(STM)과 원자힘현미경(AFM)

원자와 분자를 조작하는 데 사용되는 기술은 주사터널링현미경(STM)과 원자힘현미경(AFM)이다. 이들은 원자와 분자의 고분해능 영상과 물리화학적 성질을 함께 측정할 수 있는 장점을 가지고 있다. STM은 팁과 원자 간의 터널링현상을 이용한 현미경으로 원자의 표면을 관찰하는 것이다. AFM은 원자 간의 힘을 이용한 현미경으로 원자와 원자의 반발력과 인력을 이용하여 표면을 관찰한다. STM은 전기적인 터널링 효과를 이용하기 때문에 도체 표면만 관찰할 수 있는 반면 AFM은 STM과는 달리 텅스텐 또는 백금으로 된 탐침 대신 나노기술로 제조된 프로브를 사용한다. 이 프로브 탐침 끝을 샘플 표면에 근접시키면 끌어당기거

물리학의 미래를
상상하다

나 밀어내는 여러 가지 힘이 샘플 표면의 원자와 탐침 끝의 원자 사이에 작용하는데 이 힘에 의해 캔틸레버의 휨이 발생한다. 이 힘이 일정하게 유지되도록 귀환 회르에 의해 정밀제어하면서 시료의 표면에서 스캐너의 수직위치를 저장하여 샘플 표면의 3차원 영상을 얻을 수 있다.

원자현미경 LFM과 원자현미경 위상이미지장치

AFM에서 탐침이 시료 표면을 좌우로 주사할 때 캔틸레버는 표면의 높낮이에 따라 아래위로 휠 뿐만 아니라 탐침과 시료 표면 사이의 수평 마찰력에 의해 옆으로 비틀리게 된다. 그 비틀리는 정도는 캔틸레버에서 반사되어 나오는 레이저 광선의 수평성분 각도에 비례하므로 쉽게 측정할 수 있다. 캔틸레버의 마찰력에 의한 힘의 변화는 표면 마찰력과 기울기의 변화에 따른다. 이렇게 시료 표면의 마찰력을 측정하는 장치가 바로 LFM이다.

또한 시료의 나노탄성과 나노점성계수를 재는 원자현미경 위상이미지장치가 있다. 시료의 점성, 탄성 등을 측정하는 장치이다. 위상이미지는 탐침인 캔틸레버를 진동시키면 시료의 물리적 특성에 따라 캔틸레버의 진동주파수가 다르게 나타나는데 이러한 진동주파수 신호의 위상 차를 측정함으로써 시료의 탄성과 점성 등을 재는 것이다.

자기력현미경 MFM

MFM은 탐침에 자성체를 입혀 시료의 자기적 성질을 알아내는 장치이다. 탐침에 코팅하는 자성체로는 코발트, 크롬,

니켈 등이 사용된다. 캔틸레버는 원자간 력과 자기력에 의해 동시에 영향을 받는데 이 두 가지 힘의 성질이 다르기 때문에 구별이 가능하다.

원자현미경 EFM

EFM은 정전기력을 사용하여 표면전위, 표면전하, 유전상수 등 시료의 전기적 특성과 물리적 특성을 측정하는 장치이다. 이러한 전기적 특성을 재기 위하여 EFM에서는 시료와 탐침 간에 주파수의 진폭변화와 교류전압과 직류전압을 걸어준다. EFM은 표면전위뿐 아니라 전기용량을 잼으로써 시료의 유전상수, 시료표면 또는 표면 바로 밑부분의 전하밀도 등을 알아낼 수 있다.

원자현미경 SCM

EFM과 더불어 시료의 전기적 특성을 재는 유용한 장치로 SCM이 있다. SCM은 전기용량센서를 탐침에 연결하여 탐침과 시료 사이의 전기용량을 잰다. SCM에서 사용되는 전기용량센서는 기가헤르츠 고주파 발진기와 전기적 공진장치로 구성되어 있으며 외부에 연결된 전기용량이 변하면 공진주파수가 변하는 것에 의해 매우 작은 전기용량까지도 측정할 수 있다.

근접장 광학현미경(NSOM)

광학현미경의 한계는 광회절현상에 의해 제한되는 배율과 해상력에 있다. 그러므로 반도체 기기의 선폭이 마이크론 단위 이하로 작아지고 있고, 분자생

물학이나 세포학에 있어서도 마이크론 단위 이하이므로 이러한 경우의 관찰
은 광학현미경으로는 한계가 있다. 하지만 광원으로서 탐침의 구경을 이용함
으로써 이미지 해상력은 빛의 파장에 의해 제한되는 것이 아니라 탐침 구경
의 크기에 의해 제한된다. 이러한 장치를 근접장 광학현미경(NSOM)이라 한
다. 아직까지 NSOM의 응용은 초기 단계에 있으나, 생물학, 유전학, 반도체
분야, 정보저장 물질 등의 연구 분야에서 활발히 응용될 것이다.

나노구조를 제작하기 위해서는 나노리소그래피 기술을 사용한다. 일반적으
로 인위적인 나노 구조물을 제작하는 기술을 나노리소그래피 기술이라 하는
데 물질의 전자밀도나 에너지준위가 같은 물리적인 양들을 나노차원에서 제
어할 수 있다.
10nm 이하의 영역은 전자빔 리소그래피와 같은 기존의 기술로는 제작이 불
가능하다. 따라서 STM 리소그래피의 연구 분야는 앞으로 나노 초미세 패턴
을 형성시키는 방법으로 각광받을 것이다.
현재 주사탐침현미경은 주로 학술연구용과 산업용 분석, 측정기로 널리 사용
되고 있다. 반도체 표면분석, 하드디스크, 천연광물 표면분석, 폴리머 표면
분석 그리고 물리 분야 즉, 표면전자구조, 재료 분야 등 새로운 모드의 개발
과 함께 응용 분야가 매우 광범위하다.
생물체에 있어서 구조는 기능과 밀접한 관계를 가지며, 이
두 가지 성질을 보다 작은 공간 단위나 개체 단위에서 이허
할 필요가 있다. 즉, 현대생물학에서는 DNA, 단백질 등의
기능성 발현에서 미세구조 관찰이 매우 중요한데 종래에는

광학현미경이나 전자현미경, X선분광계, 핵자기공명, 콘포컬현미경 등이 주로 사용되었다. 그러나 한계상황에 부딪혀 원자단위는 볼 수 없다고 생각했지만, AFM의 등장으로 이와 같은 문제들이 해결되었다.

특히, AFM은 생물학적 장점을 보유하고 있어 생물학 분야에서 적용 범위가 빠른 속도로 넓혀지고 있다. AFM의 대표적인 생물학에서의 적용 분야는 DNA와 염색체의 구조관찰, RNA전사과정, 단백질과 효소의 반응, 단백질의 표면흡착현상 등으로 각종 생물 연구 분야와 유전자 시료의 초미세 조작기술에도 앞으로 활발한 연구가 진행될 것이다.

물리학의 미래를
상상하다

극한의 성능을 발휘하는 초전도 디바이스

지구자기장의 1/100억 정도로 작은 생체자기신호를 감지하는 초전도 양자 간섭장치(SQUID), 차세대 위성통신 등에 사용될 초고효율 마이크로파 소자, 기존의 반도체 소자에 비해 100배 이상의 작동속도를 가지면서 소비전력이 1/1,000 이하인 새로운 논리 소자, 광자 하나에 의해 유발된 현상까지도 감지할 수 있는 초고감도 검출기 등의 전자 소자나 장치들은 이제 상상 속에서만 존재하는 것이 아니다.

이러한 극한의 효율과 성능을 지닌 전자 소자들이 초전도 재료를 이용함으로써 현실화될 것이다. 초전도 양자 간섭장치의 개발은 인류가 만든 자기센서 중 감도가 가장 뛰어난 센서이다. 수 펨토 테슬러(10^{-15}T)의 자기감도를 가지고 있어 지구자기장(약 50마이크로테슬러)의 1/100억 정도로 작은 자기신호까지 검출할 수 있다.

SQUID의 주요 응용 분야로는 다음과 같은 것들이 있다. 뇌에서 발생하는 극미세한 자기신호를 측정함으로써 뇌의 기능을 이해하고 뇌질

환을 진단할 수 있게 하는 장치이다. 뇌에서 발생하는 자기신호는 대단히 작기 때문에 저온초전도 SQUID시스템을 사용해야만 측정이 가능하며 미국, 캐나다, 일본 등의 회사에서 이미 상용화된 장비가 판매되고 있다. 미국 등에서는 이미 간질 등 뇌기능 이상 진단에 있어 중요한 수단의 하나로 인정되고 있으며, 뇌과학과 인지과학에서도 중요한 연구 수단이 될 것이다.

또한 최근 초전도체를 이용한 초고속 단자속 양자 논리 소자(RSFQL)의 개발이 이루어지고 있다. IT 산업발달의 가속화로 수십 GHz 이상의 초고속 전자 소자들의 요구가 증가되고 있다. 이에 따라 초고속 반도체 소자 개발이 진행되고 있으나 현재까지 개발된 나노선폭을 사용할 경우 약 2GHz 정도의 속도를 얻을 수 있을 것으로 보고 있다.

아주 작은 나노선폭을 갖는 칩이 개발될 경우에도 칩의 속도는 4GHz의 속도일 것이다. 그 이상의 속도를 얻기 위한 방법은 쉽지 않을 것으로 예측된다. 그러나 0.1㎛ 이하의 선폭을 갖는 나노구조의 공정은 용이하지 않을 뿐만 아니라 반도체 초고집적 회로에서의 과도한 전력소모로 인한 문제점이 발생할 것이다.

저온에서 초전도 조셉슨접합을 이용한 초고속 단자속 양자 소자는 초전도 상태에서 미세한 전력으로도 빠른 전환속도로 작동되기 때문에 기존의 반도체 소자에 비해 100배 이상의 작동속도를 가질 수 있다.

물리학의 미래를
상상하다

또한 소비전력은 1/1,000 이하로 작다. 이와 같은 초고속 초전도 디지털 전자 소자를 이용하면 앞으로 현재의 슈퍼컴퓨터 수준의 성능을 가지는 탁상용 컴퓨터를 만들 수 있을 것이다.

현재 미국에서는 2010년까지 초당 10^{15} 부동소수점을 처리할 수 있는 페타플롭스 컴퓨터 개발을 목표로 저온초전도 소자를 이용한 초기 연구가 진행 중이다. 페타플롭스 컴퓨터는 3차원 그래픽 연산을 통해 32~36MFLOPS의 성능을 나타내는 펜티엄133MHz 프로세서에 비해 1억 배의 속도를 가진다.

미국 정부에서 핵실험 시뮬레이션 등을 위해 수행하는 ASCI프로젝트의 일환으로 설치한 세계 최고속 컴퓨터인 인텔사의 ASCI Red(9,472개의 프로세서, 2.1TFLOPS)보다도 1,000배가 빠르다. 이러한 소자를 개발하기 위해서는 칩당 10만 내지 100만 개의 초전도 소자를 집적할 수 있어야 하는데 현재 개발된 저온초전도 접합제작기술을 사용할 경우 1만 내지 10만 개의 접합을 집적할 수 있으며, 그온초전도체의 경우 칩당 100개 미만의 접합 수준에 있다.

작동속도와 냉각측면에서는 고온초전도체가 저온초전도체에 비해 유리하지만 디바이스 수준의 고온초전도 접합제작이 어려워 현재로서는 응용을 위한 연구에서 저온초전도 접합이 주류를 이루고 있다. 이러한 초전도 소자를 작동시키기 위한 적절한 냉각장치의 개발 또한 초전도 디지털 소자의 실용화를 위해서는 해결해야 할 중요한 연구과제이다.

저온초전도체를 사용하는 믹서와 검출기는 이미 전파천문 분야에서 사용되고 있다. 적외선 검출을 위한 저온초전도와 고온초전도 볼로미터, 입자검출기와 단일광자검출기 등이 개발되고 있다.

또한 고분해능의 X선 형광분석기와 질량분석기가 이미 개발되어 앞으로 3년 이내에 상업화가 이루어질 것으로 보인다. 특히 미국의 국립표준연구소(NIST)에서는 기존의 실리콘 검출기의 에너지 분해능보다 10배 우수한 저온초전도체를 이용한 X선 형광분석기를 개발하여 기존의 주사전자현미경(SEM)에 장착되는 단계에 와 있어 가시적인 시장을 형성하기 시작했다. 미국의 시사주간지 〈타임〉은 1995년 7월 17일 기사에서 21세기에 인류의 생활을 바꿀 주요기술 중 하나로 고온초전도체를 선정한 바 있다. 초전도체가 발견된 지 100년이 되는 2011년에는 많은 새로운 초전도전자 소자들이 실용화되어 우리의 삶을 보다 풍요롭게 바꾸어 놓을 것이다.

상상하지 못한 영역까지 도전하는 레이저물리학

현재 레이저 산업의 시장 규모는 수조 원에 이른다. 가장 널리 사용되는 분야는 콤팩트디스크, DVD 등의 광디스크 장치이다. 이 외에도 바코드 리더와 레이저 포인터에도 주로 사용된다. 레이저는 20세기를 이끈 핵심기술 중 하나임이 틀림없다. 눈에 잘 띄지 않지만 레이저기술이 쓰이지 않는 곳이 없기 때문이다.

대형 슈퍼마켓에 가면 모든 물건에 바코드를 붙여놓았다. 이를 읽는 장치는 레이저를 기본으로 사용하고 있다. 또 컴퓨터 저장장치인 CD롬, 영화를 보는 장치 등은 모두 레이저를 이용해 정보를 읽는다. 그리고 측량을 할 때는 레이저의 직진성을 이용해 정확한 거리를 재거나 수평을 잰다. 1969년 7월 20일 아폴로 11호가 달에 갔을 때 레이저 반사장치를 설치하고 왔다. 이를 이용해 지금까지도 수 cm의 오차 내에서 달까지의 거리인 38만 4,000km를 정확하게 측정할 수 있게 되었다. 레이저의 또 다른 특징은 많은 양의 에너지를 좁은 면적에 집중시킬

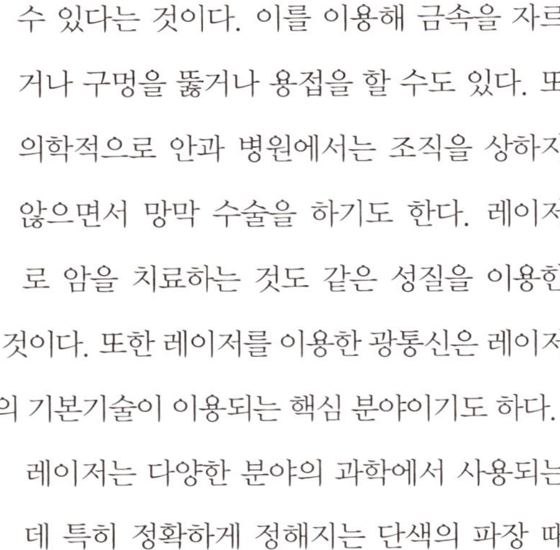

수 있다는 것이다. 이를 이용해 금속을 자르거나 구멍을 뚫거나 용접을 할 수도 있다. 또 의학적으로 안과 병원에서는 조직을 상하지 않으면서 망막 수술을 하기도 한다. 레이저로 암을 치료하는 것도 같은 성질을 이용한 것이다. 또한 레이저를 이용한 광통신은 레이저의 기본기술이 이용되는 핵심 분야이기도 하다.

레이저는 다양한 분야의 과학에서 사용되는데 특히 정확하게 정해지는 단색의 파장 때문에 분광학 분야에 주로 사용된다. 산업적으로 레이저는 철이나 금속을 자르거나 표면에 그림이나 글씨를 새기는 데 사용되며, 펄스 레이저의 경우 짧은 펄스폭을 이용하여 짧은 시간 동안에 일어나는 현상을 관찰하는 데 이용된다. 군사적으로 레이저는 공격 대상을 식별하거나 미사일 등의 무기를 유도하는 데도 쓰인다. 의학에서는 안과 수술, 미용 목적의 수술 등에 사용된다.

광통신은 현재 가장 많이 쓰이는 분야 중 하나다. 다중 통신기술은 진동수 분할방식으로 반송파의 진동수를 일정하게 분할하여 신호를 얻는다. 분할된 진동수의 경우 많은 신호를 동시에 보낼 수 있다. 레이저의 지향성은 통신에 매우 유용한 성질 중 하나이다. 더욱 유용하게 응용되는 특성은 정보를 실을 수 있는 용량이 크다는 데 있다.

전화용 선폭은 4KHz이고 텔레비전 전자기파 선폭은 4MHz이다. 텔

물리학의 미래를 상상하다

레비전용 전자기파가 전화에 비해 1,000배의 정보량을 1초 동안에 보내다는 것을 뜻한다. 즉, 많은 정보량을 짧은 시간에 보내려면 큰 선폭이 바람직하고 선폭이 크기 위해서는 반송파의 진동수가 높아야 한다. 반도체 레이저 등의 발진파장이 근적외선 영역이므로 마이크로파에 비해 진동수가 약 1만 배 정도 높고 수십 GHz의 넓은 선폭을 가지고 있다. 따라서 채널당 20GHz의 선폭을 이용하는 텔레비전의 경우 수천 채널을 동시에 방송할 수 있는 것이다. 하지만 단점도 있다. 레이저는 비, 안개, 먼지 등과 대기의 난류 등에 영향을 많이 받는다. 따라서 마이크로파에 비해 장애물을 통과하거나 반사하는 특성이 부족하다. 이 결점을 제거한 방법이 바로 대기 중에 진행시키는 대신 광섬유로 통과하게 하는 것이다. 수년 전만 하더라도 진행 중의 손실로 수 km마다 증폭기를 사용해야 했기 때문에 주로 단거리 통신, 즉 도시 내 전화국 간 통신에만 이용되었으나 저 손실 광섬유의 개발로 인해 국제적인 광통신에까지 이용할 수 있게 되었다. 수십 가닥의 기존의 동축케이블 용량을 1개의 광섬유로 대신할 수 있게 되어 광통신기술의 발달은 컴퓨터의 기술 개발과 더불어 머지않아 소위 정보화 시대로의 진입을 예견하게 해준다.

높은 파워의 고출력 레이저는 산업에서 용접, 절단 구멍 뚫기 등에 응용된다. 산업적 응용에는 주로 이산화탄소 레이저가 사용되는데 수 KW의 출력이 필요하며 저마늄렌즈를 이용하여 물질에 집속한다. 10KW급의 이산화탄소 레이저로는 5mm 두께의 스테인리스를 1초

동안 10cm 정도 용접할 수 있다.

레이저 용접의 특징은 직접 접촉하지 않고 정밀하게 고속 용접이 가능하며, 재료의 변형이 적고 상이한 재료의 용접도 가능하다는 것이다. 또한 금속뿐만 아니고 옷감이나 가죽 등의 절단도 가능하여 컴퓨터에 의한 복잡한 모양의 조감을 만들 수 있으므로 기성복 업계나 제화공업 등에도 널리 이용된다.

집적회로에 쓰이는 알루미늄과 반도체 기판용 실리콘 기판의 조각내기에도 매우 유용하게 쓰인다. 지금까지는 다이아몬드바늘 또는 톱날을 이용하여 흠집을 냈으나 절단 속도가 느리고 절단면이 정밀하지 못했다. 그런 만큼 레이저의 활약이 더욱 기대되는 분야다.

고출력 레이저 이외에 출력이 약한 레이저의 응용은 상품마다 부착된 바코드를 읽는 데 사용되고 있다. 붉은 빛의 헬륨-네온 레이저에 비추면 반사된 빛이 전기신호로 바뀌어 품목명과 가격이 계산서에 찍히게 된다. 이 방법은 이미 대형 슈퍼마켓이나 백화점에서 효율적으로 사용되고 있다.

이 외에 레이저가 응용되는 중요한 분야 중 하나는 바로 거리측정이다. 지구와 달까지의 정확한 거리측정은 레이저에 의해서 비로소 가능해졌다. 달 표면에 설치된 코너튜브(coner tube)는 4면체로 된 거울로 빛이 입사하면 입사방향과 평행한 반사광을 얻을 수 있는 장치이다. 이 코너튜브에 10초의 짧은 펄스레이저를 보내면 송신지점으로 되돌아오므로 빛의 왕복시간을 알 수 있고 이로써 정확한 거리를 계

물리학의 미래를
상상하다

산해 낼 수 있다. 이로 인해 지구에서 달까지 거리는 15cm 오차 이내
의 거리로 정확히 측정할 수 있는 것이다.

레이저는 물리학 틀 속에서 발전하며 그 응용 영역을 넓혀가고 있다.
레이저의 응용기술은 앞으로 계속 발전해 나갈 것이다. 지금 우리가
상상하고 있지 않은 분야와 영역까지도 확대되어 발전할 것이다.

차세대 미디어의 핵심, 블루 레이저

최근 IT 업계에서 가장 큰 관심을 받고 있는 것은 블루 레이저를 이용한 광학저장장치다. CD와 DVD 같은 광학저장장치의 기록 층에는 미세한 홈이 새겨져 있다. 여기에 빛을 쏘아 반사되는 신호를 분석해 글자나 그림, 영상을 재생시킨다. CD나 기존 DVD에는 적색 레이저가 사용되지만 차세대 DVD에는 블루 레이저가 이용될 것이다.

블루 레이저는 파장이 적색 레이저보다 짧기 때문이다. 파장이 짧으면 긴 파장에 비해 동일한 빛의 속도에서 더 많은 진동수를 보이는데, 그만큼 정보를 읽거나 쓰는 속도가 빠르게 된다. 기존의 적색 레이저는 파장이 650nm인데 비해 블루 레이저는 405nm에 불과하다. 적색 레이저를 이용한 기존 DVD의 용량은 4.7G로 HD급을 저장하거나 읽기엔 부족하다. 그러나 블루 레이저를 이용하면 저장용량이 23~27GB로 늘어난다. 디스크를 복층 구조인 듀얼 레이어로 만들면 기존 DVD보다 10배까지 저장용량이 커지는 셈이다. 블루 레이저의 핵심기술은 광 픽업 장치다. 즉, 블루 레이저를 내는 소자인 다이오드에서 나오는 빛을 정밀하게 이동시키는 것이다. 블루 레이저로 정보를 읽으려면 $0.32\mu m$만큼만 이동해야 하는데 워낙 미세한 거리라 들쭉날쭉하기 십상이다. 기존 DVD 디스크의 정보 간 거리인 $0.7\mu m$에서 절반 이상으로 줄어든 것이다. 정보가 새겨진 홈도 기존 DVD 디스크보다 훨씬 촘촘해 정밀한 빛 제어기술이 필수적이다. 앞으로 주요 IT 가전기기들은 블루 레이저기술에 눈독을 들일 것이다.

물리학의 미래를
상상하다

레이저를 이용하면 허공에 3차원 영상을 띄울 수 있다. 홀로그래피다. 그런데 이것도 정보저장에 이용될 수 있다. 미국에서는 하나의 레이저 출력장치에서 나온 레이저를 서로 교차시키면서 겹쳐지는 면들을 정보가 저장된 디스크처럼 이용하는 기술을 개발하고 있다. 블루 레이저의 또 다른 미래는 레이저 디스플레이 TV다. 레이저 디스플레이에는 적색 · 청색 · 녹색 등 3원색을 내는 형광물질이 있는 픽셀(pixel)이라는 개념이 없다. 기존과 다른 점이다. 빛의 3원색을 내는 레이저들을 조합해 영상을 만들기 때문이다.

레이저 디스플레이 TV는 색 구현에서 기존 TV보다 2.5배 뛰어나다고 한다. 화면을 크게 해도 색감이 떨어지지 않기 때문에 차세대 대화면 TV의 기술로 각광받고 있다. 그런데 현재 레이저 디스플레이 TV 상용화를 가로막는 걸림돌이 바로 블루 레이저다. 대형 화면을 구성하려면 출력이 2w 이상 돼야 하는데 적색 · 녹색 레이저는 충분한 출력이 나오지만 블루 레이저는 그보다 출력이 떨어지기 때문이다.

현재 블루 레이저의 개발은 경쟁적으로 이루어지고 있다. 최초의 개발은 미국 캘리포니아 대학의 나카무라 슈지 교수가 개발한 청색 발광 다이오드에 의해 시즈되었다. 반도체에서 전자가 이동하면

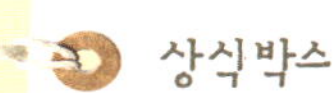

서 나오는 에너지를 이용하는 원리다. 작년 슈지 교수는 기술계의 노벨상으로 불리는 밀레니엄 기술상을 수상했다. 그는 수상 연설에서 "우리는 청색 LED가 인류의 삶을 개선할 수 있는 엄청난 잠재력을 갖고 있음을 이제야 깨닫기 시작했다"며 "이런 새로운 빛이 지구 온난화 감소와 식수공급, DVD 등을 통한 값싸고 무한한 정보축적 잠재력을 갖고 있다는 인식이 높아지기를 기대한다"고 밝혔다. IT 안의 레이저가 우리의 삶의 질을 높일 수 있는 핵심기술로 다가올 것이다.

물리학의 미래를
상상하다

의학에 사용되는 레이저들

레이저의 의학적 응용은 앞으로 확대될 것이다. 미세한 부위에 빛에너지를 집중할 수 있는 특징 때문에 외과 수술 시 칼 대신에 100w 내지 200w급의 이산화탄소 레이저가 쓰이고 있다. 레이저로 수술하면 세포조직의 물 분자에 의해 10.6㎛의 빛이 잘 흡수되므로 쉽사리 응고되어 지혈에 훌륭한 효과가 있다.

아르곤 레이저는 망막치료에도 사용되지만 성형외과에서 피부의 주근깨 등 점을 제거하는 피부미용에도 이용된다. 또한 피부암의 치료에도 He-Ne레이저가 사용되고 있는데 이것은 He-Ne레이저의 632.8nm 파장이 신체조직을 잘 투과하는 성질을 이용한 것이다.

피부암 환자에게 HPD라는 약제를 투여하면 이 화합물은 암세포 위에만 침착되는데 이것은 632.8nm의 빛을 잘 흡수하는 물질이다. 이 상태에서 He-Ne레이저의 빛을 광섬유로 피부조직에 주사하면 건강한 조직에서는 레이저광이 잘 투과하므로 영향이 없으나 암세포 주위에 침전되어 있는 HPD는 빛을 흡수하고 흡수된 광에너지를 암세포에 전달함으로써 세포가 죽게 되는 것이다.

호기심 많은 물리학자의 직접 앙케이트

사람들에게 물었습니다.
"물리학자 하면 무엇이 생각나나요?"

사람들은 물리학자 하면 천재나 성질이 괴팍할 것이라고 생각하는 것 같다. 나는 천재도 못 되고 괴팍하지도 않지만, 철 지난 양복을 입고 모임에 나가면 "딱 물리학자 스타일이네요" 하는 말을 듣곤 한다. 그때마다 물리학자 하면 사람들이 떠올리는 어떤 전형이 있는 것은 아닐까 하고 생각했다. 사람들이 생각하는 물리학자는 어떠한 전형을 가졌을까?

물리학자들이 사람들에게 어떤 인상을 주고 있는지 알아보는 과정을 통해서, 물리학자를 고찰해 보고 물리학자들에 대한 사람들의 바람을 알아볼 수 있을 것 같아 한번 알아보기로 했다. 그래서 얼마전 주변 사람들에게 메일을 보내 몇 가지 물어보았다. 그저 생각나는 대로 질문을 던져보았는데, 돌아오는 답 중에는 재미있는 것들이 많았다.

Q. 물리학자 하면 생각나는 것은?

사람들은 구부정한 학자, 도수 높은 안경, 냉정하고 샤프한 학자, 복잡한 방정식, 아인슈타인 머리, 핵폭탄, 창조력이 뛰어난 사람, 우주 등을 답하였다. 내 주위에는 안경을 쓰지 않고 구부정하지도 않은 물리학자들이 대부분이다. 하지만 이렇게 인식하고 있는 것은 물리학이 시대를 가로지르는 핵심적인 학문을 수행해 왔고, 물리학자들은 사색적이며, 연구에 몰두한다고 생각해서인 것 같다.

물리학의 미래를
상상하다

특히 아인슈타인의 덥수룩한 머리를 떠올리며 물리학자를 상상한 것은, 아인슈타인이 물리학에서 이룩한 중요한 업적과 그가 남긴 일화 때문일 것이다.
핵폭탄을 떠올리는 것 역시 우리의 100년 역사를 뒤돌아볼 때 물리학이 만들어 낸 가장 폭발력 있는 물건이기 때문이 아닌가 싶다.
물리학 하면 복잡한 방정식이 뒤따른다. 뉴턴 물리학에서는 조금만 들여다보고 설명을 들으면 이해할 수 있는 방정식이 사용되었다. 하지만 지금은 물리학자가 들여다보아도 한참 생각하고 설명을 들어야 이해가 되는 방정식이 많다.
창피한 일이긴 하지만 물리학의 분야가 다를 땐 전혀 이해할 수 없는 경우도 있다. 물리학자는 백 마디의 말보다 한 줄의 수식을 좋아한다. 말을 가지고 설명하기보다는 수식 한 줄로 논리를 세우는 것을 좋아한다. 수업시간에 문과대 교수님들에 비하여 체력이 많이 소모되는 이유는 수식을 부지런히 적고 지우는 과정이 따르기 때문이다.
사실 교탁에 서서 물리를 말로만 강의하기란 불가능하다. 수학은 물리의 자연언어라 한다.
수학의 발전적 형태를 물리학이 가져와 물리학의 영역을 넓히기도 하였다. 수학과 물리는 앞뒷집에 살며 서로 다른 유기체적 착상을 주고받으면서 관계를 맺고 변화해 왔다.
때로는 충돌해 새로운 과학적 가능성을 열기도 하였다. 그 유기체적 충돌의 만남이 실현된 것이 다 알고 있는 양자역학의 출발점이다. 수식의 형태도 '구상화' 수준에서 '큐비즘'을 지나 완전한 추상의 수준으로 발전하였다. 그러니 물리학 하면 복잡한 수식을 떠올리는 것은 무리가 아니다.

'우주' 는 물리학에 관심을 가진 사람들이 대부분 흥미를 느끼는 분야다. 우주와 별의 세계는 사춘기 소년, 소녀가 소유할 수 있는 가장 간섭받지 않은 안식처인지 모른다. 그리고 유일하게 무한대로 상상하고 꿈을 키울 수 있는 공간일 것이다.

나도 우주에 대한 신비에 이끌려 물리학을 시작했다. 지금은 바빠서 별을 보지 못하고 살아가고 있지만 지금도 나에겐 우주는 물리학의 시작이고 끝이다.

Q. 물리학자 하면 생각나는 사람?

아인슈타인은 물리학을 상징하는 상표와 같다. 약속이나 한 듯 대부분의 사람들이 아인슈타인을 답하였다. 아인슈타인의 물리학을 통한 인류에 대한 공헌은 모든 사람들이 익히 다 알고 있다. 하지만 사람들이 그를 대표적인 물리학자로 기억하는 것은 인간적 매력을 보여주는 일화 때문일 것이다. 다소 어수룩하고 천진한 모습으로 그려진 이야기들에 그에 대한 애정과 존경을 갖게 되는 경우가 많았을 것이다.

아인슈타인은 말년까지 취미로 요트를 즐길 정도로 건강했다. 또한 그의 생활은 최소한의 필수품을 사용하는 것으로도 유명했다.

머리를 길게 기른 이유도 멋에 있는 것이 아니라 검소함과 청빈함에 있었다. 양말도 신지 않았고 가죽점퍼만을 입고 다녔으며 신발이나 허리띠 또한 필요할 때만 사용하였다. 대학에서 특별히 제공한 넓은 사무실 또한 부담이 되어 좁은 것으로 바꾸어 달

물리학의 미래를
상상하다

라고 했다. 좁은 연구실에서 비서 한 명을 두고 연구에 몰두하였으며, 평생 집에서 연구실까지 걸어 다녔다.

그는 생활에서 욕구를 최소한으로 줄이는 것이 자유의 시작이라는 것을 깨달은 사람이었다. 이웃 사람에게 항상 친절했고, 만나는 사람들을 말이 아니라 행동으로 편안하게 해주었다. 그가 더 존경받아야 할 이유는 그의 평화에 대한 신념에 있을 것이다. 아인슈타인은 말년에 원자폭탄의 확산을 보고 평화에 대한 물리학자의 양심적 염원을 보여주었다.

아인슈타인-러셀이 발표한 성명서가 그것을 증명해 주그 있다, 아인슈타인 없는 물리학은 얼마나 삭막하고 재미없을까.

Q. 물리학자 하면 생각나는 음식은?

올리브, 샌드위치, 햄버거, 뜨거운 커피와 빵, 자장면, 삼겹살을 답하였다.

삼겹살이라고 대답한 사람들은 대부분 나의 후배들로 대학원 시절부터 자주 어울려 술잔을 기울인 경험 때문에 자연스럽게 연상이 되었을 것 같다.

나는 자장면을 좋아한다. 일전에 미국의 이론물리학자와 함께 자장면을 먹은 경험이 있다. 처음 보는 검은 소스의 두려움에 그 이론물리학자는 손을 대지도 못했다.

하지만 자장면을 비비는 나의 다이나믹한 솜씨와 입가에 검은 띠를 형성하며 먹어치우는 에너지에 그는 조심스럽게 따라서 먹기 시작했다.

그 후 그는 자장면이 단순한 블랙스파게티라는 인상을 받았고 자장면의 독특한 소스와 살아있는 양파의 신선함, 간간이 씹히는 고기, 시간이 지나감에 따라 소스와 면이 딱딱하게

변하는 물리적 현상이 재미있다며 즐겨 먹었다.

미국으로 돌아간 이론물리학자는 나에게 맛있게 먹었던 자장면이 그립다는 이야기를 잊지 않고 전해주었다. 나는 자장면을 먹을 때마다 그 이론물리학자가 생각나곤 한다.

Q. 물리학자가 즐길 것 같은 여가생활?

대부분의 사람들이 산책이라고 답하였다. 그 외에 일광욕, 독서를 답했다. '물리학자에게 과연 여가생활이 있을까?' 하는 답도 있었다. 얼마나 엄격한 답인가? 그래도 물리학자에게 산책은 제일 어울리는 여가생활인 것 같다. 물리학자들 사진모음 중에 1930년대 현대물리학의 대부 격인 닐스 보어와 엔리코 페르미가 로마의 아피안 가도(Appian Way)를 걸으며 토론하는 사진이 있다. 이 사진을 보면서 물리학은 거창하게 보이지만 지극히 개인적인 학문이고 상대방과 대화로써 풀어나갈 수 있는 학문이 아닌가 하고 생각한 적이 있다. 두 거장이 산책을 하면서 나눈 대화가 후일 '그 당시 로마의 아피안 거리를 걸으며 그와 이런 이야길 했고 그때 그 해답을 얻을 수 있었다'로 기록이 될 때 산책이 얼마나 중요한 물리학의 한 요소인가 생각해 보게 된다.

나도 러시아에서 연구생활을 하며 산책의 중요성을 배웠다. 추운 겨울 오후 시간이면 동료와 함께 두툼한 외투와 모자, 장갑으로 무장하고 모스크바 거리를 나서곤 했다. 산책은 운동이면서 내가 생각하고 있는 물리적 문제에 대한 자기 성찰의 시간이기도 했다. 내 이야기를 들어주는 친구의 발자국과 하얀 눈길은 성실한 동반자의 증표이기도 했다. 물리학에 '산책과 물리'라는 과목이 필요한 것이 아닌가 생각해 본다.

물리학의 미래를
상상하다

Q. 물리학자들에게 해주고 싶은 말은?

수도승과 같은 자세로 학문에만 임할 것, 따듯한 가슴을 가져야 함, 반드시 건강한 도덕심을 가져야 함, 자본과 타협할 것, 열심히 연구하되 과학은 사회와 무관할 수 없으므로 가치 중립을 내세우지는 말라는 부탁의 말들을 많이 해왔다. 어떤 사람들은 '파이팅' 이라고만 응답했다. 물리학자가 축구선수라도 된다는 말인가? 그래도 그 대답의 물리적 해석은 열심히 학문에 충실하며 살라는 이야기일 것이다.

과학자들은 자신의 전문지식을 통하여 사고하기를 좋아한다. 사물에 대한 관찰을 엄격하게 규정하고 근본적인 것을 따지기를 좋아하기도 한다. 그리고 지극히 당연하고 근본적인 일에 호기심이 발동하기도 한다. 그 일이 꼭 거창하게 인류를 위한 일이어서 흥미를 가지고 연구에 집중하지는 않을 것이다.

그저 흥미롭고 재미있을 것 같아서와 같이 사소한 동기에서 연구를 시작한다. 그래서 가끔은 비현실적이고 무책임하다는 말을 듣기도 한다. 하지만 이러한 일이 인류 발전에 도움이 되었던 적이 더 많았을 것이다.

대부분의 과학자는 쇠를 만드는 일에 관심을 보이지만 쟁기를 만들 것인가? 무기를 만들 것인가? 하는 문제는 과학자의 손을 떠난 일이기도 하다.

이것은 우리가 함께 생각해야 할 일이다. 하지만 과학자들은 쟁기를 만드는 것을 선호한다는 말을 꼭 전하고 싶다.

Isaac Newton
PHYSI

이 교수님의 학문 이야기

암스트롱의 달 착륙과
선생님의 칭찬 한마디

내가 아홉 살 때다. 1969년 7월 20일 아폴로 우주선이 달에 도착했다. 그 사실도 모르고 김일의 프로레슬링 시합을 보러 만화가게에 들렀다. 당시 김일의 레슬링을 본다는 것은 가장 의미있는 행사이기도 했다.

지금도 레슬링 도장에서 레슬링을 배워 프로선수가 되고 싶은 꿈이 있다. 레슬링을 배워 실력이 길러지면 마스크를 쓰고 시합에 나가고 싶다. 물론 낮에는 학교에서 물리학을 공부하고, 밤에는 레슬링선수가 되는 것이다. 그런 꿈이 가능할까? 하지만 레슬링선수가 되는 꿈은 절대 버리지 않을 것이다. 그건 그렇고, 그날 나는 김일의 레슬링 시합 대신 암스트롱이 달에 발을 내딛는 것을 봤다.

암스트롱의 달 착륙이라는 인류의 사건을 보도하기 위해 정규방송이 중단된 것이다. 나는 레슬링 중계를 하지 않는다는 이유로 약간 심통이 나서 삐딱하게 TV를 봤을 것이다. 하지만 그 당시 흑백의 달 착륙

이 교수님의
학문 이야기

화면이 아직까지 내 뇌리에 남아있는 것을 보면 상당한 충격을 받은 듯하다. 부럽기도 했고, 마음 한편으로 달에 가고 싶다는 생각도 했다. 하지만 그 당시 현실에서는 정말 달나라에 간다는 것은 내가 꿈꿀 수 있는 영역이 아니었다. 그래서 모든 걸 포기하고 꾸준히 김일의 박치기와 야구에 열광하며 초등학교 시절을 보냈다.

중학생이 되어 철이 들고 사춘기 시절이 되자 많은 문학서적을 탐독했다. 그리고 늘 공상에 빠져 하늘 바라보기에 열중했다. 하늘 끝 우주와 우주의 근원이 무엇인지 궁금했다. 우리는 도대체 어디서 왔는가? 그리고 어디로 가는가? 내가 왜 이 지구에 살고 있는가? 이런 질문들을 품으며 많은 문학서적을 봤다. 그리고 어느 날 문득 우주의 세계가 궁금해 가보고 싶다는 생각에 천체물리학과 우주에 관한 책을 닥치는 대로 읽었다.

내가 물리학자가 되고 싶다는 생각은 절실하지 않았지만 당시 읽었던 문학적 소양의 책이 지금 물리학을 연구하는 정서에 많은 도움을 준 것 같다. 물리를 한다고 해서 물리적인 지식만 필요한 것은 졸대 아니다. 물리학을 잘하기 위해서는 물리 이외의 공부가 더 절실히 필요할 것이다. 왜냐하면 남들이 하는 평범한 물리를 한다면 어떻게 새로운 논문을 쓰고 창의적인 연구를 할 수 있겠는가? 내가 물리학을 전공으로 선택하게 된 것은 고등학교 1학년 때 물리선생님의 칭찬 한마디 때문이었다. 물리 첫 수업에서 "잘하는데!" 하는 한마디가 물리를 좋아하게 된 계기가 되었다. 그 후 오만이지만 당연히 나는 물리는 잘해야 하는 것으로 생각했다. 그래서 친구들이 물리가 어렵다고 말하면 이상하게 바라보게 되었고, 은근히 물리를 잘하는 것을 감추고 다녔던 적이 있다. 지금 생각하면 나에게 지나가는 말로 칭찬을 해주신 그 물리선생님이 내 인생에 전환점을 마련해 주신 것 같다. 하지만 이러한 사실을 그 물리선생님은 전혀 기억하시지 못할 것이다. 학교교육에서 칭찬이 얼마나 중요한 덕목인가!

자연과학부에 진학했고, 대학 2학년이 되어 전공을 선택할 때 자연스럽게 물리학과를 선택했다. 당시만 해도 제일 잘할 수 있는 과목이 물리학이라고 생각했던 것이다. 다른 친구들은 전공은 무엇을 할까 고민했지만, 나는 고민 없이 선택할 수 있어서 좋았다.

이 교수님의
학문 이야기

전공을 시작하면서 어려워지기 시작했다. 그리고 자유로운 대학 생활에 빠져 전공공부를 소홀히 하기도 했다. 나는 당시 그림을 열심히 그렸다. 열정적인 빈센트 반 고흐의 삶에 감동을 받아 정말 열심히 열정적으로 그림에 빠져들었다. 그리고 그림에 대한 성취감과는 반대로 성적은 떨어지기 시작했다. 다들 걱정하는 단계에 이르렀지만 정작 나는 태연했던 것 같다. 내가 잘할 수 있는 것은 여전히 물리학이라고 믿고 있었기 때문이다. 가끔 이런 흔들림 없는 자만심도 필요하다고 생각한다.

너무 그림에 열중한 나머지 학업을 지속할 수가 없었다. 나는 그림을 전공하고 싶다고 심각하게 고민하게 되었다. 하지만 주위에서는 걱정을 많이 했다. 그러던 차에 군대에 가게 되었고, 3년을 전방에서 지내고 돌아와 차분히 다시 물리학을 공부했다. 그림에 대한 열정이 천천히 물리학으로 옮겨온 것이다. 대학원에 들어가서는 학교에서 매일

밤을 새웠다. 집에 잠시 들어가 옷을 갈아입는 정도였고 매일 실험실에 처박혀 실험과 연구에 몰두했다.

대학원 1학년 때 용기를 내 싱가포르에서 하는 국제학회에 다녀왔다. 지금은 많은 학생들이 배낭여행을 하고 자유롭게 해외에 연수를 다니지만 그 당시 대학원생이 국제학회에 가는 것은 매우 드문 일이었다. 당연히 돈이 없어 부모님께 나중에 돈을 벌면 갚기로 하고 빌렸다. 국제학회에 참석해 보니 한국이라는 상황이 너무나 폐쇄되고 낙후되었다는 생각이 절실히 들었다. 열심히 해야겠다는 생각과 '아! 하면 되겠다!' 는 생각도 들었다.

학교에 돌아와 더 열심히 실험에 매달리고 논문을 쓰기 시작했다. 논문을 통해 과학자들은 서로 교류한다는 것을 알게 되었다. 그리고 내가 직접 쓴 논문을 가지고 경쟁하고 싶었다. 그 후 목표가 자연스럽게 정해지고 열심히 하는 일만 남았다. 하루하루 실험실에서 물리학에 열중하는 삶이 즐겁기만 했다.

이 교수님의
학문 이야기

아르메니아공화국에서의 소중한 경험들

당시 학회에서 아르메니아공화국의 과학자를 만나게 되었다. 둘은 의기투합해 서로 공동연구를 하기로 했다. 당시 나는 박사과정 학생이었다. 지금은 이메일이 있지만 그 당시는 편지를 보내면 3달이 걸리는 상황이었고, 그곳은 아직 사회주의 체제하의 소비에트공화국에서 독립을 하지 않은 곳이었다. 그리고 설상가상으로 옆 나라 아제르바이잔과 전쟁 중이었다. 모든 사람들이 말렸다. 하지단 모든 위험을 무릅쓰고 나는 아르메니아공화국에서 실험을 하기 위해 짐을 싸 출발했다. 가야할 이유는 간단했다. 그냥 가보고 싶었다.

특별히 아르메니아 아카데미에서 초청장도 보내주었다. 전쟁 중에 비행기 편이 불규칙해 모스크바에서 아르메니아까지 기차를 타고 갔다. 1주일이 걸렸다. 하지만 1주일 동안 기차여행을 하면서 너무나 즐거웠다. 그리고 "아! 이런 삶도 있구나!" 하고 삶에 다한 자신감과 여유마저 생겼다.

그리고 3달 동안 아르메니아에서 마이크로파에 대한 실험을 했다. 눈 덮인 산자락에 자리 잡은 연구실에서 하루하루 실험에 매진했다. 너무나 즐거운 생활이었다. 새롭게 아르메니아 과학자들과 친분을 쌓는 일 또한 즐겁기만 했다. 무엇보다도 마이크로파에 대한 기초를 착실히 배웠다는 것이 마음 뿌듯했다. 앞으로 마이크로파에 대해서는 무슨 일이든지 할 수 있을 것 같았다.

이미 많은 논문을 국제적인 저널에 발표해 학위논문을 쓰는 데는 아무런 힘이 들지 않았다. 그리고 빨리 외국으로 가 연구를 더 하고 싶었다. 가고 싶은 연구소와 대학에 편지를 보내자 미국, 영국, 일본, 프랑스 연구소와 대학에서 초청을 해왔다. 그래서 먼저 아르메니아를 거쳐 프랑스로 갔다. 프랑스에서도 많은 것을 배웠다. "왜 내가 물리학을 해야 하는가?", "나의 물리는 무엇인가?" 하는 질문을 통해 철학적인 면에서 많은 생각을 했다. 그리고 나만이 할 수 있는 물리를 해야겠다는 생각을 했다.

그리고 일본으로 갔다. 일본은 프랑스에 가기 전에 이미 가기로 약속을 했던 곳이다. 일본 쓰쿠바 국립대학으로 갔다. 당시 처음으로 외국인이 공무원이 될 수 있는 법이 통과가 되어 일본 쓰쿠바 국립대학에서 문부성교원으로 정식 취직해 일을 시작했다. 일본은 일본 나름의 치밀하고 끈질긴 학문적 방법이 있었다. 처음엔 적응하기 어려웠지만 시간이 지나자 적응이 되었고, 안정된 생활환경에서 밤낮을 가리지 않고 실험에 몰두했다. 매일 아침이 되어서야 실험실에서 나와 잠을

조금 잔 후, 점심때 다시 실험실로 달려가는 생활을 계속했다.

당시 지도교수였던 이구치(Ienari Iguchi) 교수도 굉장히 열정적으로 연구하는 사람이었다. 둘은 정말 열심히 일을 했다. 일본에 간 지 2년 이 지나자 지도교수가 함께 동경 공업대학으로 가자고 했다. 동경 공업대학에서 한국인을 교원으로 쓴다는 것은 처음 있는 일이었다. 몇 번의 어려운 면접을 거쳐 동경 공업대학으로 옮겨 지도교수와 함께 마이크로파에 대한 일을 했다. 그리고 1999년 여름 한국에 귀국하게 되었다.

한국에 가서 제자들을 가르치고 싶다는 말을 하자 지도교수가 만감이 교차되는지 섭섭해하던 얼굴이 아직도 생각이 난다. 부모님처럼 나를 아끼고, 7년을 함께 고생했는데 헤어진다는 생각에 무척 서운했던 것 같다.

나는 행복한 물리학자

한국으로 오는 비행기에서 나는 지금까지와 다른 연구를 해보자고 마음먹었다. 지금까지 한 일을 계속한다면 편하고 쉽게 할 수 있겠지만 새롭게 다른 분야에 도전해 보고 싶었다. 그래서 연구주제를 '보이지 않는 마이크로로파를 어떻게 하면 볼 수 있을까'로 정했다. '과연 마이크로파를 볼 수 있을까? 어떻게 하면 마이크로파를 만질 수 있을까?' 하는 주제로 학생들과 새롭게 연구를 시작했다. 처음으로 시작하는 일이라 힘들었지만 아무도 하지 않은 일을 한다는 것이 보람되었다. 그리고 마이크로파를 이용한 기술에 대한 응용은 원천기술에 해당되어 특허권을 많이 획득할 수 있었다. 마이크로파를 이용한 의료기기에 대한 응용은 광범위하다. 현재 한국 학생들과 아르메니아공화

이 교수님의
학문 이야기

국에서 온 유학생 4명과 함께 연구를 수행하고 있다. 예전 아르메니아를 방문해 함께 연구하던 친구의 제자들이다. 세월이 흘러도 변함없는 우정과 신뢰가 제자들로 이어지고 있다. 아르메니아 유학생들은 공부를 마치면 아르메니아로 돌아가 그곳에서 마이크로파에 대한 학문을 지속할 것이다. 학문의 세계는 이렇듯 사람들의 만남에 의해 지속되고 깊어진다.

지금 나는 물리학을 공부하고 있다는 자체에 행복을 느낀다. 그리고 취미생활로 글을 쓰고 그림을 그릴 수 있는 것도 기분 좋다. 앞으로 행복한 물리학을 연구하는 데 정진하고 싶다.

물리학 관련 학과가 있는 대학들

물리학과는 학교에 따라 물리학과, 전자물리학과, 응용물리학과 등의 명칭으로 4년제 대학에만 개설되어 있습니다(자료출처 : 2015년 학교별 학과정보, 대학 알리미).

서울	건국대, 경희대, 고려대, 광운대(전자바이오물리학과), 국민대(나노전자물리학과), 동국대, 서강대, 서울대(물리 · 천문학부), 서울시립대, 성균관대, 세종대, 숙명여대, 숭실대, 연세대, 이화여대(수리물리과학부), 중앙대, 한양대
부산	동아대(신소재물리학과), 동의대, 부경대, 부산대
울산	울산대
인천	인천대, 인하대
대구	경북대
광주	전남대, 조선대
대전	충남대
제주도	제주대
경기도	가톨릭대, 가천대, 경기대(전자물리학과), 경희대(응용물리학과), 대진대, 명지대, 성균관대 수원캠퍼스, 수원대, 아주대, 한국외대(전자물리학부), 한양대 안산캠퍼스(응용물리학과)
강원도	강릉원주대, 강원대, 상지대(응용물리전자학과), 연세대 원주캠퍼스, 한림대(전자물리학과)
충청도	고려대 세종캠퍼스(디스플레이 · 반도체물리학과), 공주대, 단국대 천안캠퍼스(물리학과), 순천향대, 충북대
전라도	군산대, 목포대, 전북대
경상도	경상대, 대구대, 안동대, 영남대, 창원대, 포항공대

사범대학의 물리교육과는 4년제 대학에만 개설되어 있습니다(자료출처 : 2015년 학교별 학과정보, 대학 알리미).

서울	서울대
부산	부산대
대구	경북대
광주	조선대, 전남대
제주도	제주대
강원도	강원대
충청도	공주대, 충북대, 한국교원대
전라도	전북대
경상도	경상대, 대구대

나의 미래 계획 다이어리

나를 알아보는 단계

미래 계획을 세우기 전에 나를 알아보는 것은 중요하다. 재능 있는 사람도 즐기는 사람을 당할 수 없다고 한다. 내가 가장 좋아하고 잘할 수 있는 일은 무엇일까? 자, 자신이 좋아하는 일들로 지면을 가득 채워보자!

보너스 문제

이것만은 절대 못 하겠다!

다른 건 어떻게 해보겠는데, 정말 하기 싫은 것이 있을 것이다.
눈치 보지 말고, 마음껏 적어보자!

본격적인 계획 단계- 목표 설정

나에 대해 알아보았으니 이제 본격적으로 자신만의 맞춤 계획을 세워보자. 건저 자신이 무엇을 하고 싶은지 적어보자. 목표가 확실하지 않으면 계획을 진행하기 어렵기 때문에 신중히 생각해야 한다.

실행 단계

목표를 정했으니 이제 거침없이 계획을 진행해 보자. 자신이 세운 목표를 이루기 위해서는 어떤 일들을 해야 하는지 적어보자.

10년 후 나의 모습

이렇게 계획을 세우는 것만으로도 마음이 든든하다. 이 든든한 마음을 가지고
10년 후 자신의 모습을 생각해 보자!

이기진 교수님은...

현재 서강대학교 물리학과에서 학생들과 마이크로파 물리학을 연구하고 있으며, 세계적 국제 저널에 100편 이상의 논문을 발표했다. 공상을 즐기던 청소년 시절 우주의 세계로 가보고 싶다는 생각에 물리학에 빠져들게 되었으며, 세상에서 가장 낭만적인 물리학자를 꿈꾸고 있다.

또한 동화작가로도 활발한 활동을 하고 있다. 잡지 〈에땅〉에 '바나나 박사와 깍까의 모험'을 연재하고 있으며, 영어동화 〈The Adventure of KaKa〉를 6개 국어로 출판한 것을 비롯, 〈박치기 깍까〉, 〈나노보이의 우주 탐험〉 등을 출간했다.

나의 미래 공부 09

MAP OF TEENS

MT 물리학

초판1쇄 펴낸날 2008년 11월 10일
초판4쇄 펴낸날 2019년 10월 30일

저자 이기진
발행인 서경석
책임편집 류미진 **마케팅** 서기원, 권병길 **제작·관리** 서지혜, 이문영
디자인 All Design Group **일러스트** 문수민
발행처 청어람장서가
출판등록 제 313-2009-68호
주소 경기도 부천시 원미구 부일로 483번길 40 서경빌딩 3층 (우)14640
연락처 (T) 032-656-4452 (F) 032-656-4453
전자우편 juniorbook@naver.com

정가 13,000원
ISBN 978-89-93912-93-7 44420
      979-89-93912-66-1(세트)